PFERDEGESUNDHEIT
KOMPAKT

UTE OCHSENBAUER

Homöopathie für Pferde

MIT KOSMOS MEHR ENTDECKEN
SYMPTOME SICHER ERKENNEN
SEIT 1822

KOSMOS

INHALT

WIE (BE-)NUTZEN SIE DIESES BUCH?

Homöopathie funktioniert nach dem Ähnlichkeitsprinzip. Die homöopathische Arznei soll dem Problem des Pferdes oder dem Pferd selbst so ähnlich wie möglich „sein".
Die Brennnessel ruft im wirklichen Leben Quaddeln und Juckreiz hervor. In der Homöopathie wird sie gegen juckende Nesselsucht eingesetzt.

Wie Sie das passende Mittel für Ihr Pferd finden

Erinnern Sie sich an alle wichtigen Details im Zusammenhang mit der Krankheit Ihres Pferdes:
— Wann ist das Problem aufgetreten? Plötzlich, seit einiger Zeit, immer mal wieder, schon lang?
— Wie sieht das Problem genau aus? Ist der Husten beispielsweise trocken oder feucht? Wenn er feucht ist, wie sieht der Schleim aus?
— Welche Umstände verbessern oder verschlechtern das Problem?
— Ist es wetter- oder tageszeitenabhängig?
— Geht es dem Pferd besser, wenn es frisst oder trinkt oder wenn es sich bewegt?
— Was ist ansonsten charakteristisch für dieses Pferd?
Alle Details werden gewichtet und in Form eines passenden Kügelchens zusammengefasst, das den Organismus stärkt und seine Selbstheilungskraft anregt.
Was dieses Buch betrifft, so ist es nötig, dass Sie die kurzen und symptombezogenen Mittelbeschreibungen so genau wie möglich lesen, denn jedes Wort zählt.

Beispielsuche: Zwei hustende Pferde

Angenommen, Ihr junger Wallach hustet seit einer Woche. Die tierärztliche Behandlung hat leider nicht zu einer Besserung geführt.
Bevor Sie nach einem homöopathischen Mittel suchen, notieren Sie am besten alle Details, die Ihnen zum Husten Ihres Pferdes einfallen. Kam er plötzlich oder allmählich? Oder hustete Ihr Pferd schon im letzten Winter? Klingt der Husten feucht? Oder hohl und trocken? Wann ist er am stärksten? Wodurch wird der Husten schlechter, wodurch verbessert er sich?
Angenommen, Ihr Pferd hustet vor allem abends und nachts trocken, bellend und tief aus dem Bauch. Nach dem Fressen geht es Ihrem Pferd besser. In der Kehlkopfregion ist es berührungsempfindlich. Dass der Kehlkopf entzündet ist, hat Ihr Tierarzt festgestellt.
Sie schlagen den Abschnitt „Akuter trockener Husten" auf. Vom ersten Lesen her finden Sie Spongia und Hyoscyamus passend. Sie vergleichen die

Mittel und finden heraus, dass Spongia auch auf den Kehlkopf wirkt und dass Spongiahusten sich nach dem Fressen und Saufen verbessert. Der Husten von Hyoscyamus verschlechtert sich aber nach dem Fressen. Das spricht für Spongia. Zu den „trockenen Schleimhäuten" fällt Ihnen ein, dass das Maul Ihres Pferdes sich beim Auftrensen auffällig trocken anfühlt. Zur Sicherheit schlagen Sie aber noch einmal in der Mittelbeschreibung ab S. 82 nach und finden in der Beschreibung von Hyoscyamus auch Misstrauen, Aggression und Eifersucht. Ihr Pferd ist äußerst sanftmütig. Sie sind nun überzeugt, dass Spongia dem momentanen Zustand Ihres Pferdes am ähnlichsten scheint.
Ihre Stallkollegin hat beobachtet, dass es Ihrem jungen Wallach nach der Gabe von Spongia zunächst etwas schlechter ging, dass er dann aber nach etwa fünf Tagen kaum noch hustete. Nun möchte sie das gleiche Mittel für ihr eigenes Pferd, eine ältere Stute, die trotz tierärztlicher Behandlung schon länger hustet. Der Kehlkopf der Stute ist unauffällig. Sie wissen, dass das homöopathische Mittel nur wirkt, wenn die Symptome wirklich passen, und bitten die Besitzerin der hustenden Stute, sich die Beschreibung von Spongia genau durchzulesen. Jedes Wort ist wichtig! Alles passt – bis auf die Kehlkopfentzündung. Aber da steht: „auch" bei Kehlkopfentzündung. Kehlkopfentzündung ist also nur eine zusätzliche Indikation. Das bedeutet, die Stute kann Spongia bekommen.

Anfangs- und Hauptmittel, große und kleine Mittel, Komplexmittel

Typische **Anfangsmittel** sind Belladonna, Aconitum oder Ferrum phosphoricum. Anfangsmittel werden zu Beginn einer akuten Erkrankung und nur für zwei oder drei Tage gegeben. Meist haben sich die Symptome nach dieser Zeit verändert und ein anderes Mittel passt besser.
So passt zu Beginn einer fieberhaften Erkrankung mit wenig trockenem Husten oft Belladonna als Anfangsmittel. Ist das Fieber nach zwei bis drei Tagen gesunken, werden die vierbeinigen Patienten wieder munterer und ihr Appetit normalisiert sich. Gleichzeitig beginnen sie aber auch meist, vermehrt zu husten. Bei feuchtem Husten könnte z. B. Coccus cacti passen, bei trockenem Husten Spongia, beim Jungpferd, bei dem nun alles „zu laufen" beginnt, Sambucus. Die individuellen Symptome des erkrankten Pferdes müssen nun also wieder neu beschrieben und das aktuell passende Mittel gefunden werden. Belladonna hat in diesem Fall seine Arbeit als Anfangsmittel getan.

Sogenannte **Hauptmittel** haben sich bei bestimmten Krankheiten besonders gut bewährt, wie z. B. Euphrasia (Augentrost) bei akuten und chronischen Bindehautentzündungen.
In der klassischen Homöopathie suchen Homöopathen, die die vielen homöopathischen Mittel über Jahre studiert haben, **große Mittel** für Ihr Pferd aus,

die umfassend und ganzheitlich auf Körper und Psyche wirken, zum Beispiel bei chronischen Krankheiten oder Verhaltensproblemen. Solche „großen" oder Konstitutionsmittel sind z. B. Pulsatilla, Phosphorus oder Sulfur.
Viele Praktiker wählen homöopathische Mittel auf der Grundlage aktueller Symptome aus. Meist, aber nicht immer, sind dies **kleine Mittel** mit einem eingeschränkten Wirkbereich, so wie Spongia. Auch wenn klassische Homöopathen gegen diese Methode wettern, so ist sie doch sehr verbreitet und erfolgreich.

Komplexmittel sind Zusammenstellungen mehrerer bewährter, kombinationsfähiger Einzelmittel. Engystol zur Immunanregung, Traumeel bei Problemen im Bewegungsapparat oder Apis-Belladonna bei beginnendem Infekt sind Beispiele für bewährte und gut wirksame Komplexmittel.

Wie viele Mittel geben Sie bei einer Krankheit?

Sie geben immer nur ein Mittel, wenn es nicht anders angegeben ist. Anfangsmittel werden nach 2–5 Tagen von einem Folgemittel abgelöst.

In welcher Form, wie und wie lange verabreichen Sie ein Mittel?

Die gebräuchlichste Form von homöopathischen Mitteln sind Globuli, Tropfen oder Tabletten. Pferden können Sie die Globuli entweder zwischen Zähne und Unterlippe schieben, sie in ein Stück Apfel drücken oder, bei der Wasserglasmethode, einen Teelöffel Wasser mit aufgelösten Globuli auf Brot reichen. 5 Globuli entsprechen in etwa 5 Tropfen oder 1 Tablette. Das ist die Standardmenge, die man einem Pony oder Pferd verabreicht. Das Gewicht des Tieres spielt bei energetischer Medizin keine Rolle. Es ist also unbedenklich, wenn Sie stattdessen 4, 7 oder 10 Globuli geben.

Im **Akutfall**, z. B. bei Schlundverstopfung, geben Sie viertelstündlich 3–5 Globuli ins Maul, bis der Tierarzt kommt. Aufhören, wenn Besserung eintritt.

Die **Wasserglasmethode** eignet sich für weniger dramatische, akute oder chronische Fälle wie z. B. Lahmheit, Husten, Rückenschmerzen, Kastration oder auch Hufrehe.
Sie funktioniert in zwei Schritten.
Schritt eins: Geben Sie 3–5 Globuli eines Mittels direkt oder auf einem Stück Apfelschnitz ins Maul.
Schritt zwei: Geben Sie 3 Kügelchen in ein Glas Leitungswasser und rühren Sie mit einem Plastikteelöffel um, bis sich die Kügelchen aufgelöst haben.

Verabreichen Sie jeweils einen Teelöffel des Globuliwassers auf Brot oder mittels einer nadellosen Spritze ins Maul.

- Bei eher chronischen Krankheiten wie länger andauernden Sehnenproblemen 1 x täglich einen Teelöffel dieses Globuliwassers.
- Bei akuten Krankheiten wie Lahmheiten nach Verletzung zunächst 3 x täglich.
- Bei starken Symptomen sogar stündlich.
- Bis sich die Symptome bessern. Vor jeder neuen Gabe umrühren!

Reduzieren Sie die Häufigkeit dann nach und nach, wie im Abschnitt „Nach der Mittelgabe" beschrieben.

Nach der Mittelgabe

Sobald es Ihrem Pferd besser geht, halbieren Sie die Häufigkeit der Mittelgabe. Statt stündlich geben Sie ein Mittel nur noch 3 x täglich, statt 3 x täglich nur noch 1 x.
Setzen Sie nach spätestens 3 Wochen das Mittel für etwa 10 Tage ab und beobachten Sie, ob das Befinden Ihres Pferdes stabil bleibt. Kehren die Probleme in gleicher Form zurück, geben Sie das Mittel noch einmal über 3 Wochen. Ist nur noch ein schwacher Rest der Probleme vorhanden, geben Sie das Mittel nach der Wasserglasmethode 1 x täglich über 3 Tage. Beobachten Sie die Wirkung der Mittel, die ganzheitlich, also auch auf der psychischen Ebene einsetzt, so genau wie möglich, am besten führen Sie Buch.

Wichtig: Wenn Besserung eintritt, Mittelgabe halbieren und ausschleichen. Werden homöopathische Mittel über einen zu langen Zeitraum gegeben, rufen Sie die Symptome hervor, gegen die sie eigentlich wirken sollen.

Welche möglichen Veränderungen der Symptome können Sie beobachten?

- Die Symptome werden schwächer. Reduzieren Sie die Mittelgabe Tag für Tag um die Hälfte und lassen Sie sie mit dem Verschwinden der Symptome oder nach spätestens 3 Wochen ganz weg.
- Die Symptome werden stärker. Dies ist die sogenannte Erstverschlimmerung über 1 oder höchstens 2 Tage, bevor sich die Symptome abschwächen. Reduzieren Sie, wie oben beschrieben.
- Die Symptome werden besser, nach einigen Tagen aber wieder schlechter. In diesem Fall haben Sie das Mittel zu lang oder zu häufig gegeben. Reduzieren Sie, wie oben beschrieben.
- Die Symptome werden zunächst stärker, aber auch nach 3 Tagen nicht besser. Reduzieren Sie die Mittelgabe oder setzen Sie das Mittel eventuell ganz ab und geben ein besser passendes Mittel.

— Es tut sich gar nichts. Stellen Sie nach 3–5 Tagen trotz genauer Beobachtung keinerlei Veränderung akuter Symptome fest, wägen Sie bitte ab, ob Sie weiter selbst behandeln wollen. Je nach Schwere der Erkrankung Ihres Pferdes wenden Sie sich entweder an einen kompetenten Tierarzt oder Homöopathen. Bei leichteren Problemen oder wenn Sie die homöopathischen Mittel sowieso ergänzend zur tiermedizinischen Behandlung geben, versuchen Sie es mit einem neuen Mittel und warten dann wieder ab.

Die Potenzwahl

Hinter dem Namen eines homöopathischen Mittels stehen meist ein Buchstabe und eine Zahl. Diese bezeichnen die sogenannten Potenzen. Die hier im Buch empfohlenen pflanzlichen Urtinkturen sind alkoholische Auszüge ungiftiger Frischpflanzen. Sie enthalten Wirkstoffe der Kräuter in Alkohol gelöst und werden meist zusätzlich zu Mitteln mit höherer Potenz gegeben. Hinter Urtinkturen steht dieses Zeichen: Ø.

Gibt man zu 10 ml Symphytum Urtinktur (Beinwell) 90 ml Weingeist und schlägt diese Mischung zehn Mal auf ein Polster oder eine andere Unterlage, hat man das homöopathische Mittel Symphytum D 1 hergestellt.

Gibt man zu 10 ml Symphytum Urtinktur 900 ml Weingeist und schlägt die Mischung zehn Mal auf ein Polster, hat man das homöopathische Mittel Symphytum C 1 hergestellt. Das D hinter dem Namen des homöopathischen Mittels verrät also, dass die Urtinktur und alle folgenden Stufen im Verhältnis 1 : 9 verdünnt wurden. Das C verrät, dass sie im Verhältnis 1 : 99 verdünnt wurden.

Die Zahl hinter dem Buchstaben verweist darauf, wie oft dieser Vorgang wiederholt wurde. Für Symphytum D 6 wurde die oben beschriebene D 1 noch fünf Mal stufenweise verdünnt und nach jedem Verdünnen zehn Mal kräftig auf eine Unterlage geschlagen. Symphytum C 6 wurde jedes Mal im Verhältnis 1 : 99 verdünnt, ansonsten genauso hergestellt.

Bis zur 6 bezeichnet man Potenzen als niedrig. Niedrige Potenzen wirken nur für einige Stunden, müssen also häufiger gegeben werden. Bis zur 12 bezeichnet man Potenzen als mittlere Potenzen. Hohe Potenzen beginnen ab der 30. Sie wirken lang und ganzheitlich auf Körper und Seele. Hohe Potenzen werden z. B. bei akutem Krankheitsgeschehen oder bei Verhaltensproblemen gegeben. Geschwächte Tiere oder sehr reaktive, z. B. allergische, Tiere bekommen eher niedrige Potenzen.

Verabreicht man höhere Potenzen, muss man sich sicher sein, dass das Mittel passt. Ist man sich nicht so sicher, wählt man eine niedrigere Potenz.

Auch wenn man die D-Potenzen als stofflicher bezeichnet als C-Potenzen, weil sie weniger stark verdünnt sind, entspricht sich ihre stufenweise Herstellung, so dass man eine empfohlene C 30 durch eine D 30 ersetzen kann. Haben Sie ein Mittel statt in C 12 in D 6 da, geben Sie es etwas häufiger.

Haben Sie statt C 12 eine D 30 da, geben Sie es etwas seltener. Haben Sie das passende Mittel im Akutfall da, aber nicht die passende Potenz, zögern Sie nicht, das Mittel zu geben und von der Potenz her anzupassen.

WICHTIG: Ab der Potenz D 7 fällt die Homöopathie nicht mehr unter das Dopinggesetz, bis zur D 6 dagegen schon.

Grenzen der Selbstbehandlung

Eine gute Therapie bedarf einer guten Diagnose. Diese stellt in der Regel der Tierarzt. Auch bei vielen akuten Krankheiten, wie z. B. bei Kolik, sollte unverzüglich der Tierarzt gerufen werden und Ihr Pferd untersuchen. Wir haben dafür dieses Symbol gefunden:
Zögern Sie nicht, tierärztliche Behandlungen durch Homöopathie zu ergänzen. Klären Sie Ihren Tierarzt am besten darüber auf, dass Ihr vierbeiniger Freund außer Schulmedizin auch homöopathische Mittel bekommt.

AUGE · MAUL · GENICK · ATEMWEGE · HAUT

AUGE

Akute Bindehautentzündung

Bei geröteten, trockenen, zusammengekniffenen Augen, plötzlichen und starken Beschwerden, Schmerzen und Berührungsempfindlichkeit	**Anfangsmittel: Belladonna C 30,** Wasserglasmethode bis zu 3 Tage zu Beginn der Entzündung
Tränende, gerötete Augen, leichte Schwellung, Juckreiz und Lichtempfindlichkeit möglich, auch bei häufiger und chronischer Bindehautentzündung, Allergie	**Hauptmittel: Euphrasia C 30,** Wasserglasmethode
Stark geschwollene, tränende, stark gerötete Augen, Juckreiz, häufig allergisch bedingt	**Apis C 30,** Wasserglasmethode

Eitrige, geschwollene, gerötete Augen, schmerz-, licht- und berührungsempfindlich	**Hepar sulfuris C 30,** Wasserglasmethode
Trockene, gerötete, entzündete Augen, Juckreiz, auch allergisch, auch nach Stress oder OP	**Staphisagria C 30,** Wasserglasmethode

Chronische Bindehautentzündung

Tränende, gerötete Augen, leichte Schwellung, Juckreiz und Lichtempfindlichkeit möglich, auch bei Allergie	**Hauptmittel: Euphrasia C 30,** Wasserglasmethode
Starke Entzündung mit starker Rötung und Schwellung, tränende Augen oder auch eitriges, wundmachendes Sekret, haarlose, entzündete Augenwinkel	**Mercurius solubilis Hahnemanni C 30,** Wasserglasmethode
Eitrige, tränende, verklebte, gerötete Augen, häufig Schwellung und Juckreiz, reichlich Sekret	**Pulsatilla C 30,** Wasserglasmethode

Augenverletzung

Schwellung über dem oder rund um das Auge, Stoß- oder Schlagverletzung, Prellung des Augapfels	**Symphytum C 6,** 3 x tägl. bei leichter Schwellung oder C 30, Wasserglasmethode, bei deutlicher Schwellung
Schmerzlindernd nach Augenverletzungen	**Hypericum C 30,** 1 x tägl. über 3 Tage
Bei Trübung der Hornhaut nach Hornhautverletzungen	**Arnica C 6 und Euphrasia C 6,** 4 x tägl. abwechselnd geben, bis Besserung eintritt

Periodische Augenentzündung

Eher trockene, schmerzhafte Entzündung, Lidschluss, Pferd schwitzt v. a. abends, Druck und Kühlen hilft	**Bryonia C 30,** Wasserglasmethode
Plötzlicher Beginn, stark geschwollenes, gerötetes, geschlossenes Auge, Pferd schwitzt und ist warm	**Belladonna C 30,** Wasserglasmethode

PRAXISTIPP Augen nicht mit Kamille behandeln. Besser: Kühle Kompressen mit Euphrasia-Urtinktur oder schmerzlindernder Hypericum-Urtinktur (5 Tropfen auf ein halbes Glas abgekochtes, abgekühltes Wasser).

MAUL

Akutes Zahnen, Zahndurchbruch

Zahnschmerzen, sehr empfindlich beim Aufhalftern, maulig, abwechselnd anhänglich und gereizt, kann auch schnappen	**Chamomilla C 30,** 1 x tägl. über 3 Tage
Zahnen fällt mit Infektanfälligkeit zusammen, Atemwegsinfekte, angelaufene Beine	**Pulsatilla C 30,** 1 x tägl. über 3 Tage

Verzögertes Zahnen

Spätes Zahnen mit tastbaren Beulen im Unterkieferbereich, Milchzahnkappen, häufig auch dünne Mähne und sprödes Hufhorn	**Calcium fluoratum C 30,** 1 x tägl., bis Besserung eintritt
Insgesamt Spätentwickler, auch beim Zahnen, geschwollene Halslymphknoten, guter Futterverwerter	**Calcium carbonicum C 30,** 1 x tägl. über 3 Tage

Nach Zahnbehandlung oder zahnärztlichem Eingriff

Arnica ist das homöopathische Wundbehandlungsmittel bei blutenden Wunden, Schwellungen oder Wundschmerzen	**Hauptmittel: Arnica C 30,** Wasserglasmethode, bis Besserung eintritt
Wunde abgeheilt, Pferd ist jedoch weiterhin schmerzempfindlich, z. B. beim Fressen oder Auftrensen	**Hypericum C 30,** Wasserglasmethode
Bei bekannter Zahnarztpanik des Pferdes 3 Tage vor der Zahnbehandlung	**Aconitum C 12,** 2 x tägl.

Entzündung der Maulschleimhaut

Mundgeruch, gerötete Maulschleimhaut mit zähflüssigem Speichel, häufig auch geschwollene, gerötete Zunge mit sichtbaren Zahnabdrücken, vorsichtiges Fressen	**Mercurius solubilis Hahnemanni C 30,** 1 x tägl. über 5 Tage

PRAXISTIPP Bei Zahn- und Schleimhautproblemen Salbeitee mit einem Teelöffel Honig und einer Prise Salz ins Maul spritzen.

Schlundverstopfung

Nach Futterwechsel von Weide auf Heu, hastigem Fressen oder Stress, oft mit Husten, Strecken des Halses, Kopfschütteln, Scharren und Muskelkrampf verbunden	**Nux vomica C 30,** viertelstündlich, bis Besserung eintritt
Nach Stress, Kummer oder Schreck, angespannte Muskulatur, Unruhe, Husten, Vorstrecken und Schütteln des Kopfes	**Ignatia C 30,** viertelstündlich, bis Besserung eintritt

PRAXISTIPP Beide Mittel durch Asa foetida D 6 ergänzen, das alle 10 bis 15 Minuten gegeben werden kann.

GENICK

Genickbeule

Schwellung und Berührungsempfindlichkeit im Genick	**Apis C 30,** 1 x tägl., bis Besserung eintritt
Berührungsempfindliche Schwellung, Druck wird jedoch als angenehm empfunden	**Bryonia C 30,** 1 x tägl. über 3 Tage
Nach Zurückwerfen im Halfter oder Verletzung, Schwellung und Berührungsempfindlichkeit mit Wärme	**Symphytum C 30,** Wasserglasmethode
Häufig wiederkehrende oder nicht ausheilende Genickbeule	**Silicea C 30,** 1 x tägl. über 5 Tage

PRAXISTIPP Sitz und Passform von Halfter und Trense überprüfen! Unter Genick- und Stirnriemen sollten locker zwei Finger passen! Beim Reiten auch nach Ausheilung alle 10 Minuten Zügel für einige Minuten aus der Hand kauen lassen!

ATEMWEGE

Nasenbluten

Nach starker Anstrengung, häufig bei Vollblütern oder Jungpferden, nach Infektionen, starke, hartnäckige Blutung	**Phosphorus C 30,** alle 15 Min., bis Besserung eintritt
Nach Verletzung, Schlag oder Stoß	**Arnica C 30,** alle 15 Min., bis Besserung eintritt
Hellrote Blutung nach minimaler Anstrengung oder Verletzung	**Millefolium C 30,** alle 15 Min., bis Besserung eintritt

Reichlich dünnes, dunkelrotes Blut nach Sturz oder Schlag	**Hamamelis C 30,** alle 15 Min., bis Besserung eintritt

PRAXISTIPP Kopf des Pferdes senken, damit kein Blut geschluckt wird oder in die Lunge gerät, kaltes Tuch auf die Pferdestirn halten oder unter den Genickriemen des Halfters klemmen.

Schnupfen

Pferd ist kaum beeinträchtigt, leicht erhöhte Temperatur, milder, klarer oder weißlicher Fließschnupfen, häufig bei Jungpferden	**Anfangsmittel: Ferrum phosphoricum C 12,** Wasserglasmethode
Reichlich wässriger Fließschnupfen, oft mit wässriger Bindehautentzündung, kein Fieber, Pferd schnaubt häufig, scheuert sich, besser an frischer Luft, oft nach feuchter Kälte, auch allergisch	**Allium cepa C 12,** Wasserglasmethode
„Reifer" Schnupfen, Neigung zu Infekten mit dickem, gelblichem, übel riechendem, käsigem Schnupfen, oft bei trockener Kälte, auch allergisch, manchmal mit leichtem Husten	**Hepar sulfur C 12,** Wasserglasmethode
Abwechselnd milder, wässriger oder dickrahmiger, auch gelblich grüner Ausfluss, mal mehr, mal weniger, mal links, mal rechts, besser an frischer Luft, auch mit Schnauben	**Pulsatilla C 30,** Wasserglasmethode
Länger anhaltender Schnupfen, zähe, gelbe Absonderungen, schwitzt leicht und reichlich, verstopfte Nüstern, Sekret lässt sich schwer ausschnauben, häufig Jungpferde	**Sambucus nigra C 30,** Wasserglasmethode
Bewährtes Schnupfenmittel mit breitem Wirkspektrum, auch hartnäckiger oder allergischer Schnupfen, auch mit Beteiligung der Nasennebenhöhlen, auch mit Fieber	**Luffa C 12,** Wasserglasmethode

Allergischer Schnupfen mit starkem Juckreiz an Nüstern und gesamtem Kopf, häufiges Schnauben	**Arundo donax D 6,** bei starker Beeinträchtigung stündlich, sonst 3 x tägl., bis Besserung eintritt

Infekt mit Fieber

Stürmischer Beginn, oft nach kaltem Wind, trockenes, heißes Fell, Angst und Unruhe, Fieber, evtl. trockener Husten	**Anfangsmittel: Aconitum C 12,** Wasserglasmethode
Allmählicher Beginn des Infekts, Fieber, trockener Krampfhusten, bei geschwächten, erschöpften Tieren oder bei Jungpferden	**Anfangsmittel: Ferrum phosphoricum C 12,** Wasserglasmethode
Plötzlicher, oft heftiger Beginn, Pferd schwitzt und hat Fieber, auch mit Gelenkschwellung, auch mit trockenem Husten, Durst, kann auch nach Aconitum gegeben werden, wenn das Pferd anfängt zu schwitzen	**Anfangsmittel: Belladonna C 12,** Wasserglasmethode
Allmählicher Beginn, Fieber, Husten und Gelenkschwellung, Pferd will und braucht seine Ruhe, Bewegung schmerzt und wird vermieden, Durst	**Bryonia C 12,** Wasserglasmethode
Steife, schmerzende Bewegungen, starker Husten, Fieber steigt nachts und ist morgens am höchsten, Appetitmangel	**Eupatorium perfoliatum C 12,** Wasserglasmethode
Fieber und Infekt treten erst einige Tage nach Kälteeinbruch oder Verkühlung auf, Schnupfen oder feuchter Husten entwickeln sich, Pferd zittert und wirkt schwach	**Gelsemium C 12,** Wasserglasmethode

Druse

Pferd wirkt extrem krank mit hohem Fieber, Fressunlust, Husten, Schnupfen und geschwollenen Halslymphknoten	**Anfangsmittel: Belladonna C 12,** Wasserglasmethode

Eitriger Nasenausfluss, Lymphknotenabszess kurz vor oder nach dem Eröffnen	**Hepar sulfur C 12,** Wasserglasmethode
Reichlich übel riechender, dicker, gelbgrün eitriger Nüsternausfluss, geschwollene Lymphdrüsen, Speichelfluss, großer Durst, häufig unruhiges, extrem krank wirkendes Pferd	**Mercurius solubilis C 12,** Wasserglasmethode
Starke Schwellung und Ödeme ein- oder beidseitig, Schwierigkeiten, das Maul zu öffnen, Durstlosigkeit, Unruhe, besser durch kühle Umschläge	**Apis mellifica C 12,** Wasserglasmethode
Bei sinkendem Fieber und zur Nachbehandlung bei abklingender Erkrankung, Lymphknoten noch geschwollen, Schluckbeschwerden, besser durch warme Umschläge und kaltes Wasser	**Phytolacca C 30,** 1 x tägl., bis Besserung eintritt
Nach abgeklungener Krankheit und um die Heilung zu unterstützen	**Silicea C 30,** 1 x tägl. über 5 Tage
Druse verbreitet sich in betroffenen Ställen oder sogar Gebieten rasch; vorbeugend stärken Sie das Immunsystem Ihres Pferdes (S. 64)	**Engystol Tropfen,** 1 x tägl. 5 ml ins Maul spritzen

PRAXISTIPP Pferd bei Verdacht auf Druse sofort isolieren! Sofort sachkundigen Therapeuten holen!

Akuter, trockener Husten

Beginnender trockener Husten bei normaler oder wenig erhöhter Temperatur, kaum beeinträchtigtes Allgemeinbefinden	**Anfangsmittel: Ferrum phosphoricum C 12,** Wasserglasmethode
Beginnender trockener, harter, krampfiger Husten mit Fieber, Pferd wirkt plötzlich krank, matt, heiß, appetitlos	**Anfangsmittel: Belladonna C 12,** Wasserglasmethode

Trockener, bellender, tief sitzender Husten, mühsame Atmung, wenig heller Auswurf, trockene Schleimhäute, besser nach dem Fressen und nach Trinken warmen Wassers, auch bei chronischem Husten und Kehlkopfentzündung	**Spongia C 12,** Wasserglasmethode
Trockener, häufiger, schmerzhafter Krampf- und Reizhusten, trinkt selten, aber große Mengen, schlechter bei Bewegung, im Stall, durch Anstrengung, Wind und trockene Kälte, auch bei Lungenentzündung	**Bryonia C 12,** Wasserglasmethode
Trockener Reizhusten, nächtliche Hustenanfälle, ruhelos, legt sich selten ab, schlimmer nach Fressen, Trinken, Liegen, besser tagsüber und im Stehen, Mittel wirkt hustenreizlindernd	**Hyoscyamus niger C 12,** Wasserglasmethode
Kurz aufeinanderfolgende, bellende Hustenkrämpfe mit oder ohne Aushusten von Schleim, gelblicher Schnupfen, besser im Freien, schlechter nachts bis zum frühen Morgen, Husten sitzt tief	**Drosera C 12,** Wasserglasmethode

PRAXISTIPP Überbrühen Sie zusätzlich eine Mischung aus 3 schleimlösenden Kräutern wie Königskerze, Alant, Spitzwegerich, Huflattich, Thymian, Andorn, Schlüsselblume, Isländisch Moos, Süßholz oder Eibisch und geben Sie diesen Tee lauwarm mit den Kräutern übers Futter. Wechseln Sie die Kräuter alle 2–3 Wochen.

Akuter, feuchter Husten

Akuter, feuchter Atemwegsinfekt des Fohlens oder Jungpferdes, angelaufene Beine, gelblicher Schleim, auch mit Atemnot und trockenem Husten, auch zusammen mit Augenentzündung oder Schnupfen	**Sambucus nigra C 12,** Wasserglasmethode
Schleimlöser bei krampfartigem Husten mit reichlich dickem und zähem Schleim, auch bei chronischer Bronchitis, auch bei älteren Pferden	**Coccus cacti C 12,** Wasserglasmethode

Abends und nachts krampfiger, trockener Husten, morgens lockerer Husten mit leichtem Abhusten von Schleim, wenig Durst, Bewegung und frische Luft bessern	**Pulsatilla C 12,** Wasserglasmethode

PRAXISTIPP Schauen Sie sich auch die Mittel für chronischen Husten an. Eventuell besteht der Husten Ihres Pferdes doch schon etwas länger und Sie haben den Anfang nicht bemerkt.

Chronischer trockener Husten

Trockener Krampfhusten mit Atemnot und Schmerzen, besser durch feuchte Luft, durch Trinken, evtl. Blasenschwäche	**Causticum C 30,** Wasserglasmethode
Asthmaähnlicher Reizhusten, auch allergisch, oft mit pfeifender Atmung, Dämpfigkeit, Schnupfen, Schnauben, im Liegen, durch Zugluft und abends und nachts schlechter	**Aralia racemosa C 30,** Wasserglasmethode
Schmerzhafter Krampfhusten mit Atemnot, Nachpressen bei Ausatmung, wenig Schleim, linke Lunge schmerzt, Bewegung und Trinken bessern	**Lobelia inflata C 30,** Wasserglasmethode

Chronischer feuchter Husten

siehe auch akuter feuchter Husten

Hartnäckiger Husten mit cremig zähem Auswurf, rasselnde Atmung, nachts und bei kaltem Wetter schlechter, besser an frischer Luft, Pferd ist schnell erschöpft, wirkt geschwächt	**Ammonium carbonicum C 12,** Wasserglasmethode
Hustenattacken mit reichlich weißem, gelbem oder gelbgrünem Schleim, Schmerzen und große Schwäche, schlechter am frühen Morgen, durch Anstrengung, Hinlegen und warmes Wasser	**Stannum metallicum C 12,** Wasserglasmethode

Schleimrasseln, Aushusten von reichlich Schleim, große Atemnot und Erschöpfung, schlechter durch feuchtkaltes Wetter, besser durch kaltes Wasser	**Ipecacuanha C 12,** Wasserglasmethode
Quälender Husten bei jungen, älteren oder geschwächten Pferden, akut und chronisch, reichlich zäher Schleim in den Bronchien, Abhusten ist jedoch schwierig, Gähnen nach Husten, Strecken des Halses, Rasselatmung, schlechter im Winter, durch feuchte Kälte, nachts, drinnen	**Tartarus stibiatus C 6,** Wasserglasmethode

Allergischer Husten

Lindert den Hustenreiz bei allergischem Husten, kann zusätzlich zu passendem Mittel für trockenen oder feuchten Husten gegeben werden	**Cardiospermum D 3,** Dilution, 3 Tropfen bis 5 x tägl.
Akute Heustaub- oder Pollenallergie und trockener Husten, zusätzlich zu passendem Mittel	**Mercurialis perennis D2 Dilution,** 3 Tropfen bis 5 x tägl.

Akuter und chronischer Husten, durch Impfung ausgelöst

Hartnäckiger, häufig wiederkehrender, meist trockener Husten mit gelbgrünem Schnupfen, schlechter bei feuchtkaltem Wetter, tritt nach Impfung auf	**Thuja C 30,** Wasserglasmethode
Hartnäckiger, häufig wiederkehrender Schnupfen und Husten mit reichlich gelbgrünem, übel riechendem Auswurf, schlechter nach kaltem Wetter, tritt nach Impfung auf	**Silicea C 30,** Wasserglasmethode

Lungenentzündung

Stürmischer Beginn, oft nach kaltem Wind, trockenes, heißes Fell, Angst und Unruhe, Fieber, evtl. trockener Husten	**Anfangsmittel: Aconitum C 30,** Wasserglasmethode
Beginnender trockener, harter, krampfiger Husten mit Fieber, Pferd wirkt plötzlich krank, matt, heiß, appetitlos	**Anfangsmittel: Belladonna C 30,** Wasserglasmethode
Fieber, trockener Husten und Gelenkschwellung, starke Schmerzen beim Atmen, daher flache Atmung, Pferd will und braucht seine Ruhe, Bewegung schmerzt und wird vermieden, Durst	**Bryonia C 30,** Wasserglasmethode
Rasselnde Atmung, große Atemnot und Erschöpfung, stark verschleimter Brustkorb, Fieber, frostig und kalter Schweiß, auch Jungtiere, schlechter durch Bewegung, feuchtkaltes Wetter, besser durch kaltes Wasser, frische Luft	**Ipecacuanha C 30,** Wasserglasmethode
Husten mit stechenden Schmerzen, trocken oder mit Auswurf, rasselnde Atmung, Gelenkschwellung, Schweiß, Erschöpfung, schlechter am frühen Morgen (3 Uhr), im Liegen, gutes Jungtiermittel	**Kalium carbonicum C 30,** Wasserglasmethode

HAUT

Schuppiger Mähnenkamm

Kleine trockene Schuppen, auch an Mähne, Widerrist und Schweifansatz, unruhiges Pferd, Vollbluttyp	**Arsenicum album C 12,** Wasserglasmethode
Eher große, trockene Schuppen, häufig auch Einrisse und Furchen am Mähnenkamm, oft trockene (Maul-)Schleimhäute und trockenes Hufhorn, schlechter im Winter	**Alumina C 12,** Wasserglasmethode

Nesselauschlag mit Quaddeln

Deutliche klein- und großflächige Schwellungen der Haut, berührungsempfindlich, allergisch bedingt, bei Druck auf die Quaddeln bleibt Delle zurück, Kälte bessert	**Apis C 30,** Wasserglasmethode
Eher kleine Quaddeln mit starkem Juckreiz, Pferd ist berührungsempfindlich	**Urtica urens C 30,** Wasserglasmethode
Kälte-Nesselsucht, bei nasskalter Witterung, auch vor der Rosse, steife Bewegungen, Pferd läuft sich ein, Jucken wird durch Bewegung und Wärme schlechter	**Dulcamara C 30,** Wasserglasmethode
Eher kleine Quaddeln mit gleichzeitiger Gelenksteife und mühsamem Gang, ausgelöst und schlechter durch Nässe, Kälte, häufig im Frühjahr	**Rhus toxicodendron C 30,** Wasserglasmethode

Sommerekzem

Trockene, in der Mähnen- und Schweifregion auch schuppige Ekzemhaut dünnhäutiger, unruhiger Tiere, Juckreiz nachts schlimmer, Scheuerstellen bluten leicht und fühlen sich warm an	**Arsenicum album C 6,** Wasserglasmethode
Trockene Ekzeme sensibler Tiere, Schuppen, Haarbruch, starker Juckreiz, häufig intensiver Eigengeruch, schlimmer durch Wärme, Tiere suchen den Schatten	**Sulfur C 6,** Wasserglasmethode
Schuppige, rissige, trockene, derbe, ledrige Ekzemhaut, manchmal blutig gescheuert, kann auch im Winter auftreten, schlechter durch Schwitzen, Nässe und Kälte, schmutzig wirkende Ausschläge	**Petroleum C 6,** Wasserglasmethode
Nässendes Ekzem mit klebrigen, krustigen oder auch eitrigen Absonderungen, warme, wunde und entzündete Hautstellen	**Natrium muriaticum C 6,** Wasserglasmethode

Nässendes, krustiges, auch eitriges Ekzem, teilweise mit Bläschen und Pusteln, sehr starker Juckreiz, schlechter durch Wärme, Feuchtigkeit	**Mezereum C 6,** Wasserglasmethode
Nässendes Ekzem mit sehr starkem Juckreiz, kann nach Infekt oder Impfung auftreten, schlechter durch Nässe, Kälte, im Frühjahr	**Sarsaparilla C 6,** Wasserglasmethode
Zusätzliche Juckreizlinderung	
Entzündeter, trockener oder nässender Hautausschlag mit starkem Juckreiz, auch mit Quaddeln oder Bindehautentzündung, zusätzl. zu passendem Mittel	**Cardiospermum D 3,** bis zu 5 x tägl.

PRAXISTIPP Warme, entzündete Hautregionen mit kaltem grünem Tee und einigen Tropfen Lavendelessenz kühlen. Offene Hautregionen mit Aloe-Vera-Gel und einigen Tropfen Lavendelessenz betupfen.

Zusätzliche Stoffwechselunterstützung bei Ekzem	
Ekzem tritt nach Futterumstellung auf nährstoffreiche Weide, im Zusammenhang mit Übergewicht, Rehe oder Stoffwechselstörungen auf, auch nach Cortisonbehandlung	**Berberis D 6,** 2 x tägl., bis Besserung eintritt
Ekzem mit allergischem Hintergrund, nach Behandlung mit Fellglanzspray, Insektenmittel, Futterwechsel, Wurmkur oder Kontaktallergie, um Giftstoffe oder Allergene auszuscheiden	**Okoubaka D 6,** 2 x tägl., bis Besserung eintritt
Kann zusätzlich bei jeder Form von Ekzem gegeben werden, um den Stoffwechsel, v.a. die Leber, zu unterstützen	**Carduus marianus Urtinktur,** 2 x tägl. 5 Tropfen

Regendermatitis, Nässeekzem

Kleine grieselige, krustige, klebrige oder schuppige Stellen im Halsbereich, an Rumpf und Beinen, nach ausdauernden Regenfällen und länger anhaltendem feuchtkaltem Wetter, kein Juckreiz	**Dulcamara C 12,** Wasserglasmethode
Krustige, klebrige schuppige Stellen, die sich schnell vermehren, kein Juckkreiz, nach nasskalter Witterung, auch nach Impfung	**Thuja C 12,** Wasserglasmethode
Krustige Stellen heilen zwar ab, kehren aber immer wieder zurück, insgesamt schuppige Haut, z.B. am Mähnenkamm, passt gut nach Thuja	**Arsenicum album C 30,** Wasserglasmethode

Mauke

Beginnende Mauke bei Kaltblütern, Tinkern und anderen schweren Rassen mit üppigem Fesselbehang, juckende, eher trockene, honigartige, klebrige Borken	**Graphites C 12,** Wasserglasmethode
Krustige, kleinflächige, eitrige Mauke nach feuchtkalter Witterung, im Frühjahr oder nach Impfung	**Sarsaparilla C 12,** Wasserglasmethode
Trockene, schuppige, krustige Mauke, schlechter durch feuchte Kälte, keine Besserung durch Waschen	**Malandrinum C 12,** Wasserglasmethode
Eitrige, tief gehende, schmerzhafte Mauke, die bereits länger besteht, Tiere lahmen	**Hepar sulfur C 12,** Wasserglasmethode
Nässende, gelblich grieselige Fesselbeuge, Juckreiz, auch für Jungpferde	**Viola tricolor C 12,** Wasserglasmethode
Tiefe, blutende, schrundige Risse, Haut ist verdickt, schlechter durch Nässe und Kälte	**Petroleum C 12,** Wasserglasmethode
Hartnäckige, häufig wiederkehrende Mauke mit dicken, trockenen Krusten, oft nach Impfung	**Thuja C 12,** Wasserglasmethode

Unterstützt die Leber bei stoffwechselbedingter Mauke nach nährstoffreicher Fütterung, z. B. reichhaltiger Wiese, kann auch zusätzlich zu einem anderem passenden Mittel gegeben werden	**Carduus marianus Urtinktur,** 2 x tägl. 5 Tropfen
Äußerlich Millefolium- oder Geranium-Urtinktur, 10 Tropfen mit Wasser verdünnt auftupfen	

PRAXISTIPP Angegriffene Fesselbeuge in der insektenfreien Zeit dick mit Honig bestreichen, bei Insektenflug Umschläge mit Heilerde zum Lösen der Maukekrusten, anschließend Aloe-Vera-Gel auftragen.

Warzen

Glatte, harte, verhornte Warzen, die leicht rissig sind, nässen, bluten oder sich entzünden können, teilweise auch gestielt, treten vor allem im Kopfbereich auf, verstopfte Talgdrüsen	**Causticum C 12,** Wasserglasmethode

PRAXISTIPP Harte Warzen mit Podophyllum-Urtinktur betupfen.

Großflächige, weiche, flache Warzen an Kopf oder Beinen	**Dulcamara C 12,** 2 x tägl., bis Besserung eintritt
Weiche, bräunliche, eher große Warzen, häufig blumenkohlartig, juckend und nässend, furchige Oberfläche, können am ganzen Körper auftreten	**Thuja C 30,** Wasserglasmethode, auch äußerlich als Urtinktur

Spritzenabszess

Berührungsempfindlicher, eitriger Abszess	**Hepar sulfur C 30,** Wasserglasmethode
Starke Schwellung, Flüssigkeitsansammlung in größerer Körperregion, wässriger Eiter	**Asa foetida C 30,** Wasserglasmethode
„Das Messer des Homöopathen", bei eitrigen Abszessen zur Eröffnung und Beschleunigung der Entleerung des Eiters	**Myristica sebifera C 30,** Wasserglasmethode
Berührungsunempfindlicher, eitriger, hartnäckiger Abszess, auch zur Nachbehandlung, fördert die Heilung, wenn die Schwellung nicht ganz abklingt	**Silicea C 30,** Wasserglasmethode
Geringgradiger Abszess, Störung des Allgemeinbefindens des Pferdes, Gliederschmerzen und/oder Hautveränderungen nach Impfung stehen im Vordergrund	**Ledum C 30,** Wasserglasmethode

Bluterguss

Bei schmerzhaften Schwellungen und Blutergüssen nach Verletzung, z. B. durch Sturz oder Schlag	**Arnica C 30,** Wasserglasmethode
Um die Schwellung zu verringern, zusätzlich zu Arnica	**Hamamelis C 30,** Wasserglasmethode
Um die Heilung des Gewebes zu unterstützen	**Bellis perennis C 30,** Wasserglasmethode
Alte Blutergüsse, die sich zögerlich zurückbilden	**Silicea C 30,** 1 x tägl. über 3 Tage

PRAXISTIPP Bei akuten Blutergüssen an den Beinen zusätzlich Angussverband anlegen und mit Bellis perennis Urtinktur, 5 Tropfen auf 1 Liter Wasser, angießen

Verzögerter Fellwechsel

Zögerlicher, lang andauernder Fellwechsel, Zwischenhaarwechsel, starker Juckreiz während des Wechselns, filzige Stellen, markanter Eigengeruch, zur Unterstützung	**Sulfur C 30,** 1 x tägl. über 3 Tage
Verzögerter oder ausbleibender Fellwechsel bei schwachen, kranken oder älteren Tieren, schuppige Haut, auch bei mageren, vernachlässigten Tieren	**Arsenicum album C 12,** 1 x tägl., bis Besserung eintritt
Schleppender Fellwechsel junger oder älterer Pferde, häufig auch zusammen mit schlechtem Allgemeinbefinden oder Abwehrschwäche	**Barium carbonicum C 30,** 1 x tägl. über 3 Tage

Hautpilz, Haarlinge

Hautpilz in Zusammenhang mit angegriffener Ekzemerhaut	**Hepar sulfur C 12,** 2 x tägl. über 5 Tage
Kreisrunde Stellen, Hautausschlag, Juckreiz, durch Wetterwechsel, meist im Frühling oder im Winter, häufig bei Stuten, auch bei hartnäckigem oder immer wiederkehrendem Pilzbefall	**Sepia C 30,** Wasserglasmethode, 1 x tägl. über 3 Tage
Hautpilz, Haarlinge, Milben oder Läuse mit Juckreiz, Haarbruch, trockenem oder nässendem Hautausschlag, v. a. im Mähnenbereich, beim dünnhäutigen, kälteempfindlichen, ängstlichen, eher athletischen Pferd	**Arsenicum album C 30,** Wasserglasmethode, 1 x tägl. über 3 Tage
Bei Hautpilz, Haarlingen, Läusen oder Räudemilben: Zusätzlich zu symptomatischer Behandlung mit geeigneten Mitteln (Tierarzt!) gibt man ein homöopathisches Mittel, um den Organismus umzustimmen. Hier eignet sich als klassisches Umstimmungsmittel:	**Sulfur C 30,** Wasserglasmethode, 1 x tägl. über 3 Tage
Zur unterstützenden Behandlung bei Hautpilz, regt die körpereigene Abwehrkraft an, wirkt gegen Bakterien, Viren und Hautpilz	**Tropaeolum majus Urtinktur,** 2 x tägl. 5 Tropfen

PRAXISTIPP Homöopathische Mittel zur Stärkung der Abwehrkraft finden Sie auf S. 62.

Insektenstiche und Zecken

Geringe Schwellung, wenig schmerzempfindlich, Juckreiz möglich, auch zur vorsorglichen Behandlung, bei starkem Insektenflug oder wenn Zecken entfernt wurden	**Ledum C 12,** Wasserglasmethode
Deutliche, warme, allergische Schwellung, „wie ein Bienenstich", Berührungsempfindlichkeit und Juckreiz, Kühlen bessert	**Apis C 12,** Wasserglasmethode
Geringe Schwellung, starker Juckreiz und vermehrte Wärme und Entzündung, Berührungsempfindlichkeit, häufig Krustenbildung über dem Stich	**Staphisagria C 12,** Wasserglasmethode
Zur Borrelioseprophylaxe bei kreisrunder Hautrötung nach Zeckenbiss oder nach starkem Befall	**Dipsacus fullonum Urtinktur,** 2 x tägl. 5 Tropfen über 2 Wochen

Hautprobleme nach Impfung

Hautprobleme, die kurz nach einer Impfung auftreten	**Thuja C 30,** 1 x tägl. über 3 Tage
Hartnäckige Hautprobleme feingliedriger, dünnhäutiger Tiere, die kurz nach Impfung auftreten	**Silicea C 30,** 1 x tägl. über 3 Tage

HERZ/KREISLAUF · VERDAUUNG · FORTPFLANZUNG · KASTRATION · NIERE/BLASE

HERZ / KREISLAUF

Kreislaufschwäche

Nach Unfall, Verletzung, Operation, Schock, Blutverlust, flache, schnelle Atmung, kalter Schweiß, große Schwäche	**Arnica C 200**, einmalig, oder **Arnica C 30**, viertelstündlich, bis Besserung eintritt
Nach Überanstrengung, Kolik, Infektionen oder Durchfall, nach Schock, durch Flüssigkeitsmangel oder Hitze, blasse Schleimhäute, kaltes Fell, kalter Schweiß, große Schwäche	**Camphora C 30**, viertelstündlich, bis Besserung eintritt

Nach Aufregung, Infekten, Operationen, Hitze, Durchfall, Wetterwechsel, Kolik, Vergiftungen, kaltes Fell, kalter Schweiß, Durst, homöopathische „Notfalltropfen" bei Kreislaufschwäche, Kreislaufkollaps	**Veratrum album C 30,** viertelstündlich, bis Besserung eintritt

Herzschwäche

Zur Unterstützung der Herzfunktion, bei leichter Herzerweiterung, Herzrhythmusstörungen, milden Beschwerden, Altersherz, angelaufenen Beinen, als Tonikum über vier Monate oder dauerhaft	**Crataegus Urtinktur,** 2 x tägl. 5 Tropfen
Bei fortgeschrittener Herzschwäche, dunklen Schleimhäuten, Altersherz, herzbedingten Lungenproblemen („Altershusten"), Leistungsschwäche, rascher Erschöpfbarkeit, schlechter durch Hitze	**Laurocerasus Urtinktur,** 2 x tägl. 5 Tropfen
Bei Klappenfehlern vor allem der Mitralklappe, Herzveränderungen, Herzentzündungen, Pferd liegt lieber auf der rechten Seite, kann plötzlich vor Schmerz stehen bleiben, Ruhe und frische Luft bessern	**Cactus grandiflora Urtinktur,** 2 x tägl. 5 Tropfen
Bei Herzmuskelschwäche und Neigung zu Flüssigkeitsansammlungen mit angelaufenen Beinen	**Strophantus hispidus Urtinktur,** 2 x tägl. 5 Tropfen über einen längeren Zeitraum
Bei Herzrhythmusstörungen, erhöhtem Blutdruck, starkem Herzklopfen, Atemnot, akuter Entzündung des Herzbeutels, z. B. nach Druse, Pferd mag sich nicht bewegen, Berührungsempfindlichkeit	**Spigelia Urtinktur,** 2 x tägl. 5 Tropfen über einen längeren Zeitraum

VERDAUUNG

Hartnäckige Verwurmung

Leichte Koliken wechseln mit Durchfällen, Schweifscheuern, ärgerliches, launisches, überempfindliches Gemüt, hartnäckiger Wurmbefall trotz Entwurmung, auch gut geeignet für Jungtiere	**Cina C 30,** Wasserglasmethode
Abmagerung mit aufgetriebenem Bauch, dabei guter Appetit, Durchfall, leichte Koliken, Husten, Wurmbefall trotz Entwurmung	**Abrotanum C 30,** Wasserglasmethode
Durchfallneigung, Juckreiz im Analbereich, Schweifscheuern, Berührungsempfindlichkeit, mitunter Phasen von Appetitlosigkeit, auch mit Bindehautentzündung, immer wiederkehrender Wurmbefall trotz Entwurmung	**Spigelia C 30,** Wasserglasmethode
Freundliches, körperlich und seelisch „weiches" Pferd, Durchfallneigung, anfällig für Parasiten aller Art, vom Haarling bis zum Wurm	**Calcium carbonicum C 30,** Wasserglasmethode

Kotwasser

Gurgeln und andere laute Darmgeräusche, Beschwerden kommen und gehen, viel Durst, akute Beschwerden	**Podophyllum C 30,** Wasserglasmethode
Nach Durchnässung, Kälteeinbrüchen im Sommer, feuchtkaltem Spätsommer- oder Herbstwetter, alle Symptome werden bei feuchtkalter Witterung schlechter	**Dulcamara C 30,** Wasserglasmethode
Herausspritzender Durchfall oder Kotwasser nach Kälteeinbrüchen, Trinken kalten Wassers, Aufnahme von gefrorenem Futter, Anstrengung, Stress, empfindliche, eher „vollblütige" Pferde, mäkelige Fresser, viel Durst	**Arsenicum album C 30,** Wasserglasmethode

Nach Futterwechsel, z. B. auf Heusilage, nach falscher Futterzusammensetzung (zu wenig Rohfaser), nach Aufnahme von verdorbenem Futter, auch nach akutem oder Dauerstress, sowohl akutes als auch länger bestehendes Problem	**Nux vomica C 30,** Wasserglasmethode
Nach Aufregung, Stress, Stallwechsel oder anderer vom Pferd als belastend empfundener Veränderung, normal geformte Pferdeäpfel mit anschließendem Kotwasserabsatz, v. a. morgens und am Vormittag, viel Durst, pflichtbewusstes, empfindsames Pferd, sowohl akutes als auch länger bestehendes Problem	**Natrium muriaticum C 30,** Wasserglasmethode
Nach kaltem Wetter, auch nach Anästhesie, häufiger Harndrang, angelaufene Beine, Abmagerung und Schwäche bei bereits länger bestehendem Problem	**Aceticum acidum C 30,** Wasserglasmethode
Geschwächtes, erschöpftes Pferd, nach längerer Erkrankung, nach Überanstrengung, stolpert leicht, laute Darmgeräusche v. a. nach dem Fressen, Problem besteht schon länger und führt zu Austrocknung	**Acidum phosphoricum C 12,** 2 x tägl.
Zur Unterstützung der Leber und des Verdauungssystems bei länger bestehendem Reizdarmsyndrom	**Carduus marianus Urtinktur,** 2 x tägl. 5 Tropfen
Zur unterstützenden Behandlung bei Reizdarmsyndrom, nach der Aufnahme von verdorbenem Futter, nach Antibiotikabehandlung, bei gestörtem Darmbakterienmilieu, regt die körpereigene Abwehrkraft an	**Tropaeolum majus Urtinktur,** 2 x tägl. 5 Tropfen

PRAXISTIPP Durchfall und Kotwasser werden oft als Reizdarmsyndrom zusammengefasst und sind mitunter schwer gegeneinander abzugrenzen. Lesen Sie die unter Durchfall angegebenen Informationen und Mittel daher ebenfalls durch.

Durchfall

Nach Futter- oder Weidewechsel oder nach zu viel oder ungeeignetem oder verdorbenem Futter, häufiges Absetzen kleinerer, heller, dünnflüssiger Kotmengen, Blähungen, Durchfall nach Aufregung empfindlicher, leicht reizbarer Tiere	**Nux vomica C 30,** Wasserglasmethode
Zu reichhaltiges Futter, bei heißem oder gewittrigem Wetter, plötzliche Wärme nach kalten Tagen oder plötzliche Kälte nach warmen Tagen, viel Durst, Maulschleimhaut ist aber trocken, schlechter durch Bewegung	**Bryonia C 6,** 3–5 x tägl., bis Besserung eintritt
Wässrig grüner Durchfall nach Durchnässung, Kälteeinbrüchen im Sommer, feuchtkaltem Spätsommer- oder Herbstwetter	**Dulcamara C 6,** 3–5 x tägl., bis Besserung eintritt
Wässriger, gelblich grüner, stinkender Durchfall mit Unverdautem, auch chronisch, schießt schwallartig zusammen mit Blähungen heraus, Fohlendurchfall, viel Durst, schlechter nach dem Fressen, im Sommer, besser nach Bewegung und am Abend	**Podophyllum C 6,** 3–5 x tägl., bis Besserung eintritt
Futterunverträglichkeit, nach Aufnahme von verdorbenem Futter, nach Antibiotikatherapie, Pferd wirkt matt und wenig leistungsbereit	**Okoubaka C 6,** 3–5 x tägl., bis Besserung eintritt
Schaumig gelblicher Durchfall mit Blähungen, oft nach dem Fressen, durch Wurmbefall, häufig vernachlässigt wirkende, magere, müde Tiere mit mattem Fell, Hungerhaare, Blähungen, Pferd schwitzt schnell, auch bei Jungtieren	**China C 6,** 3–5 x tägl., bis Besserung eintritt
Nach Aufregung, Stress, Kummer, schmerzlose, wässrige Durchfälle empfindsamer, lebhafter, oft hoch im Blut stehender Pferde, auch nach längerem, erfolgreich behandeltem Durchfall in der Rekonvaleszenz	**Phosphor C 30** einmalig, evtl. nach einigen Tagen wiederholen

PRAXISTIPP Leinsamen aufkochen, abkühlen und lauwarm mit je einem Esslöffel Aloe-Vera-Gel und Honig vermischt füttern. Bei starkem, schwächendem Durchfall oder Durchfall mit Fieber: Tierarzt rufen!

Verstopfung

Verstopfung kann mit Durchfall abwechseln, trockener Kot, Pferd presst häufig vergeblich, schlechter nach dem Füttern, auch mit milden Koliksymptomen	**Nux vomica C 30,** Wasserglasmethode
Nach mangelnder Flüssigkeitszufuhr oder Fütterungsfehlern, auch nach Infekt, Unterkühlung, harter, trockener, klebriger Kot, auch bei Pferdesenioren, Mutterstuten, tragenden Stuten und Fohlen, Beschwerden häufig linksseitig, auch mit milden Koliksymptomen	**Alumina C 30,** Wasserglasmethode

Kolik

Plötzliche dramatische Bauchkrämpfe, starkes Schwitzen, schneller Puls, rote Schleimhäute, Pferd wälzt sich, bleibt dann lange sitzen, Unruhe und Berührungsempfindlichkeit	**Belladonna C 30,** viertelstündlich, bis Besserung eintritt
Starke Krämpfe, häufiges, heftiges Wälzen, nach dem Bauch schlagen, dramatische Schmerzen mit stinkenden Blähungen und Durchfall, nach Stress, Futterumstellung, Besserung durch Wärme, Blähungen, Bewegung und Bauchmassagen, krampflösendes Mittel	**Hauptmittel: Colocynthis C 30,** viertelstündlich, bis Besserung eintritt
Krampfkoliken mit aufgeblähtem und hartem Bauch, Unruhe und ständigem Pressen, Besserung durch Ruhe, Liegen, kurzes Wälzen und langes Sitzen, schlechter durch Bewegung	**Hauptmittel: Nux vomica C 30,** viertelstündlich, bis Besserung eintritt
Laute Darmgeräusche mit stinkenden Blähungen und Durchfall, Schmerzen bessern sich durch langes Sitzen, Strecken, Bewegung	**Dioscorea C 30,** viertelstündlich, bis Besserung eintritt
Verstopfungskolik mit extrem hartem Bauch und hochgekrümmtem Rücken, heftiges, oft vergebliches Pressen, Kot ist trocken, klein und dunkel, Pferd liegt häufig	**Plumbum C 30,** viertelstündlich, bis Besserung eintritt

Stark aufgeblähter Bauch, schwerer und länger andauernder Kolikverlauf, schmerzvoll hochgekrümmter Rücken, Blähungen und Durchfall stinken, auch bei milderen Koliksymptomen nach OP oder Sedierung, besser im Freien	**Carbo vegetabilis C 30,** viertelstündlich, bis Besserung eintritt
Verstopfungskolik mit großem Durst, Maulschleimhaut fühlt sich trocken an, Pferd möchte sich nicht bewegen, Bewegung verschlechtert die Symptome	**Bryonia C 30,** viertelstündlich, bis Besserung eintritt

PRAXISTIPP Alle Mittel werden im schweren, akuten Fall viertelstündlich gegeben, bis Besserung eintritt. Bei milden Symptomen reichen stündliche Gaben, bis Besserung eintritt.

PRAXISTIPP Decken Sie Ihr Pferd ein und führen es, wenn möglich, langsam herum, während Sie auf den Tierarzt warten. Wälzen schadet nicht!

Schlundverstopfung

Nach Futterwechsel von Weide auf Heu, hastigem Fressen oder Stress, oft mit Husten, Strecken des Halses, Kopfschütteln, Scharren und Muskelkrampf verbunden	**Nux vomica C 30,** viertelstündlich, bis Besserung eintritt
Nach Stress, Kummer oder Schreck, angespannte Muskulatur, Unruhe, Husten, Vorstrecken und Schütteln des Kopfes	**Ignatia C 30,** viertelstündlich, bis Besserung eintritt

PRAXISTIPP Beide Mittel durch **ASA FOETIDA D 6** ergänzen, das alle 10–15 Minuten gegeben werden kann.

Magengeschwür

Häufig leichte Koliken mit angespanntem Blähbauch auch noch Stunden nach dem Fressen, lebhafter, nervöser, leistungsbereiter Typ	**Nux vomica C 30,** Wasserglasmethode
Häufig leichte Koliken, wenig Appetit und Abmagerung, Darmkollern und Blähen, aufgetriebener Bauch, übler Geruch aus dem Maul, schlechter nachts und von kaltem Wasser	**Ornithogalum umbellatum C 30,** Wasserglasmethode
Schlechter Fresser, häufig leichte Koliken, oft rechtsseitige Schmerzen, fadenziehender Speichel, gut wirksames symptomatisches Mittel	**Hydrastis C 30,** Wasserglasmethode
Schlechter Fresser, hört häufig nach wenigen Bissen mit dem Kauen auf, säuft viel, häufig leichte Koliken, besser durch Bauchmassage und Wärme	**Bryonia C 30,** Wasserglasmethode
Häufig milde Koliken mit Unruhe direkt nach dem Füttern oder nachts, schlechter Fresser, trinkt häufig, aber wenig, warmes Wasser bessert, feingliedriges, immer leicht angespanntes Pferd	**Arsenicum album C 30,** Wasserglasmethode
Ängstliche, unruhige, angespannte Pferde, hastige Fresser mit häufigen milden Koliksymptomen, sehr empfindsam, neigt zu Stressdurchfall, Magenrumpeln, Zähneknirschen, Leerkauen, besser im Freien	**Argentum nitricum C 30,** Wasserglasmethode
Kann zusätzlich zu anderen Mitteln gegen Magengeschwüre gegeben werden, da es die Abheilung des Geschwürs anregt.	**Symphytum Urtinktur,** 2 x tägl. 5 Tropfen

PRAXISTIPP Bei Magengeschwüren reichlich und ad libitum gutes Heu füttern. Höhere Raufuttergaben lassen Magengeschwüre nachweislich abheilen!

FORTPFLANZUNG

Eierstockzysten

Häufige, lange Rosse mit geschwollener Scheide, auffällig starkem Geschlechtstrieb oder stiller Rosse, Zysten häufig rechts	**Apis C 30,** 1 x tägl. über 3 bis höchstens 5 Tage
Gesteigerter Geschlechtstrieb, kann sehr gereizt sein, berührungsempfindlich, Zysten häufig links	**Lachesis C 30,** 1 x tägl. über 3 bis höchstens 5 Tage
Eierstockzysten, stille, kurze oder ausbleibende Rosse, selbstbewusste, reizbare oder traurige, zurückhaltende Stuten, oft mit Senkrücken, Gebärmuttersenkung, häufigen Blasen- oder Gebärmutterinfektionen, Bindegewebsschwäche, auch ältere Stuten, die nicht aufnehmen, besser durch Bewegung	**Sepia C 30,** 1 x tägl. über 3 bis höchstens 5 Tage
Rückenschmerzen und -schwäche, Senkrücken, Gebärmuttersenkung, Durst, magere, ernste, sensible Stuten, auch reizbar, auch nach belastenden Erlebnissen, Erkältungsneigung, guter Appetit, schwierig, wählerisch bis ablehnend mit Hengsten, Zysten und Unfruchtbarkeit	**Natrium muriaticum C 30,** 1 x tägl. über 3 bis höchstens 5 Tage
Bewährtes Mittel bei Fruchtbarkeitsstörungen, stiller Rosse, Zysten, fehlendem oder starkem Geschlechtstrieb	**Agnus castus D 4,** 2 x tägl. 5 Globuli, bis die Rosse einsetzt, dann absetzen

Schwache Rosse

Bewährtes Mittel bei Fruchtbarkeitsstörungen, stiller Rosse, Zysten, fehlendem oder starkem Geschlechtstrieb	**Agnus castus D 4,** 2 x tägl. 5 Globuli, bis die Rosse einsetzt, dann absetzen

Stille, kurze, unregelmäßige oder ausbleibende Rosse, mütterliche, sanfte, auch junge Stuten, auch mit gelblichem oder gelbgrünlichem Ausfluss, regt die Östrogenproduktion an	**Pulsatilla C 30,** 1 x tägl. über 3 Tage
Stille, kurze, unregelmäßige oder ausbleibende Rosse selbstbewusster, reizbarer oder zurückhaltender Stuten, auch ältere Stuten, die nicht aufnehmen	**Sepia C 30,** 1 x tägl. über 3 Tage
Rückenschmerzen und -schwäche, Senkrücken, Gebärmuttersenkung, Durst, magere, ernste, sensible Stuten, auch reizbar, auch nach belastenden Erlebnissen, Erkältungsneigung, guter Appetit, schwierig, wählerisch bis ablehnend mit Hengsten, Zysten, stille Rosse und Unfruchtbarkeit	**Natrium muriaticum C 30,** 1 x tägl. über 3 Tage

PRAXISTIPP Stuten reagieren mit ihrem Zyklus unmittelbar auf Stress. Überprüfen Sie neben dem Gesundheitszustand unbedingt auch, ob sich im Alltag der Stute Stressfaktoren reduzieren lassen!

Unfruchtbarkeit, Scheiden- und Gebärmutterentzündung

Milde, rahmige Absonderungen aus der Scheide, unauffällige, stille, kurze, unregelmäßige Rosse, sanfte, mütterliche Stute, auch bei jungen Tieren, Entzündung eher chronisch	**Pulsatilla C 30,** 1 x tägl. über 3 Tage bei Unfruchtbarkeit, Wasserglasmethode bei akuter Infektion
Gelbgrünlicher Ausfluss, unauffällige, schwache oder stille Rosse, selbstbewusste, reizbare oder zurückgezogene Stute, auch bei älteren Stuten, Entzündung eher chronisch	**Sepia C 30,** 1 x tägl. über 3 Tage bei Unfruchtbarkeit, Wasserglasmethode bei akuter Infektion
Bräunlicher Scheidenausfluss vor oder nach der Rosse, chronische Entzündung, Stute friert leicht, auch für ältere Stuten	**Aristolochia C 12,** 2 x tägl. 5 Globuli bis 14 Tage nach dem Deckakt

Akute Entzündung mit Rückenschmerzen, übel riechender, eitriger Ausfluss	**Sabina C 30,** Wasserglasmethode
Bewährtes Mittel bei Schmierblutung, Fruchtbarkeitsstörungen, stiller Rosse, Zysten, fehlendem oder starkem Geschlechtstrieb, etwa drei Wochen vor der zu erwartenden Rosse geben, bis die Rosse einsetzt	**Agnus castus D 4,** 2 x tägl. 5 Globuli bis zur Rosse, dann absetzen

Rund um die Geburt

Wichtiges Mittel zur Wehenregulierung und Geburtserleichterung, bei zu schwachen oder unregelmäßigen Wehen, bei Übertragung, bei langer, schwerer oder erschöpfender Geburt, bei Nachgeburtsverhalten, langen Nachwehen, Nachbluten, Verletzung der Geburtswege, nachgeburtlicher Schwäche oder Lähmung der Hinterhand	**Caulophyllum C 30,** 1 x tägl., ab ca. 1 Woche vor dem errechneten Geburtstermin, bei Bedarf bis 3 Tage nach der Geburt
Das „Arnica der Geburtshilfe", nach Quetschungen und Verletzungen der Geburtswege, bei vorsichtigen Bewegungen, unsicherer Hinterhand, Schwäche	**Bellis perennis C 30,** 1 x tägl. über 3 Tage, dann Wasserglasmethode
Fördert die Heilung der Gebärmutter, auch bei heftigen Nachwehen, leichten Nachblutungen, unvollständigem Abgang der Plazenta oder Nachgeburtsverhalten	**Sabina C 30,** nachgeburtlich 1 x tägl., im Akutfall viertelstündlich, bis Besserung eintritt
Hellrote, dünnflüssige, reichliche Nachblutungen aus der Gebärmutter nach der Geburt	**Millefolium C 30,** im Akutfall viertelstündlich, danach 1 x tägl. über 3 Tage

PRAXISTIPP Im Akutfall bei Blutungen oder Nachgeburtsverhalten: Tierarzt rufen!

Milchmangel und Euterentzündung

Wichtigstes Mittel zur Regulierung der Milchmenge, bei Euterentzündung und Milchmangel, Euter fühlt sich hart und geschwollen an, berührungsempfindlich, Saugen schmerzt, unterstützt die Milchbildung	**Phytolacca C 30,** Wasserglasmethode
Warmes, gerötetes, stark geschwollenes, schmerzempfindliches Euter, oft mit Fieber und Schwitzanfällen	**Apis C 30,** Wasserglasmethode
Bei Milchmangel, Stute liegt viel und wirkt müde	**Urtica urens C 12,** 2 x tägl.
Bei Milchmangel, auch nach schwerer Geburt, Schwäche, Abmagerung oder sichtlichem Kräfteverfall durch das Säugen	**Acidum phosphoricum C 12,** 2 x tägl.

Kastration

Zur Vorbereitung und zur Unterstützung der Wundheilung zwei bis drei Tage vor und bis 14 Tage nach der Operation	**Arnica C 30, vorbereitend,** 1 x tägl. 5 Globuli, nach der OP Wasserglasmethode
Zur Unterstützung der Heilung bei beschwerlichen Bewegungen, Berührungsempfindlichkeit, Pferd wirkt sehr angeschlagen, Bewegung bessert aber	**Bellis perennis C 30,** Wasserglasmethode
Zur Unterstützung der Wundheilung und zur Schmerzlinderung	**Staphisagria C 30,** Wasserglasmethode
Zur Schmerzlinderung	**Hypericum C 12,** 2 x tägl. über höchstens 5 Tage
Wenn die Schwellung nur langsam oder gar nicht zurückgeht oder sehr ausgeprägt ist	**Spongia C 30,** Wasserglasmethode

Bei Schwellung der Narbe und zusätzlichem Ödem im Bauchbereich	**Apis C 30,** Wasserglasmethode
Bei gutem Allgemeinbefinden, aber verzögerter Heilung oder grieseliger Kastrationsnarbe älterer Wallache	**Silicea C 30,** 1 x tägl. über 3 Tage
Ältere Kastrationsnarbe juckt, ist grieselig oder bricht auf	**Acidum fluoricum C 30,** 1 x tägl. über 3 Tage

NIERE / BLASE

Entzündung der Harnwege

Plötzliche, fiebrige Entzündung, Pferd schwitzt, Wärme bessert, schmerzhaftes Wasserlassen mit viel Harn, Harndrang, berührungsempfindlich	**Belladonna C 6,** Wasserglasmethode
Ständiger Harndrang, häufiges Wasserlassen auch kleiner Mengen beim Reiten, Blasenschwäche, Blasenreizung	**Equisetum arvense C 6,** Wasserglasmethode
Starke Schmerzen beim Wasserlassen und im Rücken, ständiger Harndrang, versucht häufig vergeblich oder tropfenweise zu pinkeln, berührungsempfindlich, mag sich nicht bewegen, besser durch Ruhe und Wärme	**Cantharis C 6,** Wasserglasmethode
Nach nasskaltem Wetter, wenn schwitziges Pferd zu schnell ausgekühlt ist, häufiges Wasserlassen in kleinen Mengen, Schmerzen, Rückenempfindlichkeit, besser durch Wärme	**Dulcamara C 6,** Wasserglasmethode
Nach Impfung, Infekt, Erkältung, im Frühjahr, durch Wärme oder Feuchtigkeit, auch chronischer Harnwegsinfekt, Schmerzen nach dem Wasserlassen	**Sarsaparilla C 6,** Wasserglasmethode

Reizblase, häufiger Harndrang, Harnkoliken oder häufig wiederkehrende Harnwegsinfekte mit Schmerzen beim Wasserlassen, im hinteren Rücken, in der Hinterhand, wechselndes Allgemeinbefinden, wechselnde Farbe, Geruch und Menge des Urins, zur Unterstützung der Nierenfunktion, bei Harngries, Harnsteinen und nach Stein-OP.	**Berberis C 30,** 1 x tägl. über 3 Tage
Häufige schmerzhafte Harnwegsentzündungen durch Rückfluss des Harns in die Nieren, Rückenschmerzen und Schmerzen beim und nach dem Wasserlassen, besser durch Wärme	**Fabiana C 6,** Wasserglasmethode
Starkes Pressen, Hochkrümmen des Rückens und tiefe Kopfhaltung beim Wasserlassen, Nachtröpfeln, steter, schmerzhafter Harndrang, streng riechender, häufig auch schleimiger oder sogar blutiger Urin, bei Harn- oder Blasensteinen oder Harnverhalten nach dem Abfohlen	**Pareira brava C 30,** Wasserglasmethode
Zusätzlich zur Unterstützung bei Störungen der Nierenfunktion, bei immer wiederkehrenden Harnwegsinfekten, Ödemen	**Solidago compositum ceres,** 2 x tägl. 3 Tropfen

PRAXISTIPP Decken Sie Ihr Pferd bei einer Harnwegsentzündung ein und sorgen Sie dafür, dass es ausreichend einwandfreies Wasser trinkt. Zusätzlich zwei bis drei Mal täglich anbieten: aufgebrühter, mit zwei Esslöffeln Honig gesüßter, mit ca. fünf Litern lauwarmem Wasser verdünnter Brennnesseltee.

BEWEGUNGSAPPARAT · GELENKE · HUFE

BEWEGUNGSAPPARAT

Muskelkater

Schmerzen und Bewegungsunlust nach übermäßiger oder ungewohnter Belastung, nach Überanstrengung, berührungsempfindliche Muskelverhärtungen, besser durch Ruhe und Wärme, schlechter durch Bewegung, schmerzlindernd oder nach körperlicher Belastung, auch vorbeugend gegen Schmerzen, auch nach Verletzungen und Muskelrissen	**Arnica C 30,** Wasserglasmethode
Muskulatur ist verhärtet, Muskelzucken oder -zittern, Pferd schwitzt, kalte Beine, schwerfällige, steife, auch taktunreine Bewegungen, Schwäche, Pferd legt sich ungern hin, nachts und durch Bewegung schlechter, besser durch Wärme, nach Überanstrengung auch vorbeugend gegen Schmerzen	**Acidum sarcolacticum C 30,** Wasserglasmethode

Muskelschmerzen mit Unruhe und starkem Bewegungsdrang, Taktunreinheit oder Steifheit, die durch Bewegung besser wird, nach Überbelastung durch ungewohntes Training oder nach Zerrung, Dehnung, Prellung	**Rhus toxicodendron C 30,** Wasserglasmethode

Muskelriss

Starke Schmerzen und Schwellung, Verletzung des Muskels nach Sturz, Schlag oder Fehlbelastung, besser durch Ruhe und Wärme, schlechter durch Bewegung, schmerzlindernd	**Hauptmittel: Arnica C 200,** Wasserglasmethode
Starke Schmerzen, Schwellung und meist tastbare Delle nach Sturz, Verletzung oder Überlastung, nach Überforderung, ungenügendem Aufwärmen oder unphysiologischen Bewegungen	**Bellis perennis C 30,** Wasserglasmethode

Sehnenprobleme

Akute Entzündung der Sehnen, Sehnenscheiden und/oder Schleimbeutel mit Lahmheit, Schwellung, Wärme, Berührungsempfindlichkeit, besser durch Ruhe, Kühlen und Druck (Bandage), schlechter durch Bewegung und Wärme	**Bryonia, dann Ruta, jeweils C 30,** Wasserglasmethode
Akute und chronische Entzündung von Sehnen, Sehnenscheiden und/oder Schleimbeutel mit Schwellung, Wärme, Berührungsempfindlichkeit, eventuell Lahmheit	**Ruta, nach Bryonia, jeweils C 30,** Wasserglasmethode
Akute und chronische Entzündung der Sehnen, Sehnenscheiden und/oder Schleimbeutel, wenig Schwellung, starke Lahm- oder Steifheit, schlechter durch Nässe, Kälte, Ruhe, Überlastung, besser durch gleichmäßig langsame Bewegung	**Rhus toxicodendron C 30,** Wasserglasmethode

Bei Sehnenverletzungen mit starker Lahmheit, starken Schmerzen, Zittern und Schwäche der Gliedmaßen	**Anacardium C 30,** Wasserglasmethode
Bei Sehnenverletzungen, Entzündungen, Schwellungen, Schmerzen, betroffen sind vor allem die Ansätze der Sehnen am Knochen, besser durch leichte Bewegung	**Rhododendron C 30,** Wasserglasmethode
Chronische Sehnenprobleme mit immer wiederkehrender Lahmheit, Schwellungen von Fessel- oder Sprunggelenk, schlechter durch Reiten und Kälte, besser durch Wärme	**Strontium carbonicum C 30,** Wasserglasmethode
Um die Heilung zu unterstützen, bei abgeklungener Schwellung, Pferd darf bereits wieder vorsichtig belastet werden	**Silicea C 30,** 1 x tägl. über 3 Tage

Bänderzerrungen, Bänderprobleme

Akute Verletzung mit starker Lahmheit, Schwellung, Schmerzen und Berührungsempfindlichkeit	**Arnica C 200,** Wasserglasmethode
Nach Verletzung. Schmerzen und Schwellung, Bewegungsunlust, starker Anfangsschmerz beim Gehen, bessert sich nach einigen Schritten, nach Arnica oder parallel dazu, auch über längeren Zeitraum zur Ausheilung	**Ruta C 30,** Wasserglasmethode
Nach Verletzung, Überanstrengung. Schmerzen, Schwellung und große Unruhe, Pferd bewegt sich trotz Schmerzen, Bewegung und Wärme bessern die Symptome	**Rhus toxicodendron C 30,** Wasserglasmethode
Akute Zerrung oder Überdehnung der Bänder mit Lahmheit, Schwellung, Wärme, besser durch Ruhe, Kühlen und Druck (Bandage), schlechter durch jede Bewegung und Wärme	**Bryonia C 30,** Wasserglasmethode

Bei überdehnten Bändern, auch bei feingliedrigen Jungtieren mit Neigung zu „weichen" Knochen und häufigen Verletzungen durch unkoordinierte Bewegungen	**Calcium fluoratum C 30,** Wasserglasmethode
Chronische Bänderprobleme mit immer wiederkehrender Lahmheit, Schwellungen von Fessel- oder Sprunggelenk, schlechter durch Reiten und Kälte, besser durch Wärme	**Strontium carbonicum C 30,** Wasserglasmethode
In chronischen Fällen, bei anhaltender Schwellung und zögerlicher Heilung	**Silicea C 30,** 1 x tägl. über 3 Tage
Nach der akuten Phase, um die Heilung zu unterstützen	**Symphytum C 12,** 2 x tägl. über 5 Tage
Vorbeugendes, durchblutungsförderndes Mittel für „Gelenke und deren Komponenten", bei familiärer Neigung zu Gelenk-, Bänder-, Knochen- oder Knorpelproblemen, auch bei schon bestehenden Schädigungen	**Argentum metallicum C 12,** 1 x tägl. vorbeugend, 2 x tägl. zur Therapie über 20 Tage

Gallen

Warme, schmerzhafte, berührungsempfindliche Gelenksgallen, Kühlen bessert	**Apis C 30,** Wasserglasmethode
Schmerzhafte, warme Gallen, Pferd lahmt auch bei fortgesetzter Bewegung, Ruhe und Druck durch Bandagen bessert	**Bryonia C 30,** Wasserglasmethode
Eher harte, kühle Gallen, die schon länger bestehen, wirkt heilend auf das Stützgewebe	**Silicea C 30,** 1 x tägl. über 3 Tage, dann Wasserglasmethode, bis Besserung eintritt
Weiche Gallen, auch angelaufene Beine nach Infekten oder Bewegungsmangel	**Equisetum Urtinktur,** 2 x tägl. 5 Tropfen

Weiche und härtere Gallen, auch warme Gallen, bei älteren Pferden, bei Bewegungsmangel, zur Anregung des Lymphflusses	**Melilotus Urtinktur,** 2 x tägl. 5 Tropfen

PRAXISTIPP Äußerlich Traumeel-Gel auftragen, warme Gallen außerdem zwei Mal tägl. mit Quark-Heilerde-Packungen behandeln.

Kreuzverschlag

Hochakute, heftige, dramatische Symptome, starke Schmerzen und Unruhe, heißes, trockenes oder schwitziges Fell, schlechter durch Bewegung, Kälte, Nässe	**Anfangsmittel: Belladonna C 30,** viertelstündlich, bis Besserung eintritt
Starke Schmerzen, starke Bewegungsunlust und -einschränkung, steifer, mühsamer Gang, große Berührungsempfindlichkeit im Nierenbereich, evtl. dunkler Urin oder Harnverhalten, schlechter durch Bewegung, Wind, Kälte, Nierenmittel	**Berberis C 30,** Wasserglasmethode
Starke Schmerzen mit Berührungsempfindlichkeit und großer Bewegungsunlust, steifer, mühsamer Gang, harte, sich schnell zurückbildende Rückenmuskulatur, großer Durst, Urin evtl. dunkel, schlechter durch Wärme, Bewegung, besser durch Druck und Ruhe	**Bryonia C 30,** Wasserglasmethode
Starke Schmerzen, steifes, mühsames Gehen, das aber nach ein paar Schritten flüssiger wird, mühsames Kotabsetzen, Wärme bessert, schlechter in der Ruhe	**Rhus toxicodendron C 30,** Wasserglasmethode
Starke, auch krampfartige Schmerzen mit Unruhe, Pferd zieht die Beine an, liegt auf der Seite, schlechter durch Kälte, Bewegung, Stress, nachts	**Colocynthis C 30,** Wasserglasmethode
Starke Schmerzen, Bewegungsunlust, mühsamer Gang, auch nach Überanstrengung, beginnendem oder ungewohntem Training, dunkler Urin	**Bellis perennis C 30,** Wasserglasmethode

Zur Vorbeugung bei starker Belastung oder bei gesundheitlicher Vorbelastung eine Woche vor und nach besonderer Anstrengung	**Bellis perennis und Acidum sarcolacticum C 12,** 1 x tägl.

PRAXISTIPP Pferd im Akutfall sofort aus dem Training nehmen, aufstallen, warm eindecken.

GELENKE

Gelenkentzündung, Arthritis

Akute Gelenkentzündung, plötzliche Schwellung, Lahmheit, Wärme und Berührungsempfindlichkeit mit Schmerzen, Kühlen bessert	**Apis C 30,** Wasserglasmethode
Akute Gelenkentzündung, Schwellung, Wärme, starkes Lahmen, Bewegungsunlust, starke Berührungsempfindlichkeit mit starkem Schmerz, Kälte, Ruhe und Druck bessern	**Bryonia C 30,** Wasserglasmethode
Akute Gelenkentzündung mit Wärme, Schwellung, Schmerz nach Verletzung oder Überbelastung	**Arnica C 30,** Wasserglasmethode
Akute Gelenkentzündung mit Schwellung, Wärme, Lahmheit oder Steifheit, schlimmer in Ruhe und während der ersten Schritte (Anfangsschmerz), besser nach einigen Schritten und durch langsames, mäßiges Bewegen, Wärme, Überanstrengung, Nässe und Kälte werden nicht vertragen	**Rhus toxicodendron C 30,** Wasserglasmethode
Akute Entzündung mit Schwellung und Wärme, Schmerzen, besser durch Bewegung, abwechselnd sind unterschiedliche Gelenke betroffen, Auftreten häufig mit oder nach einer Infektion	**Phytolacca C 30,** Wasserglasmethode

Akute und chronische Beschwerden und steife Bewegungen nach Durchnässung oder zu rascher Abkühlung, kalte Beine, Besserung durch Wärme	**Dulcamara C 30,** Wasserglasmethode

Chronische Gelenkentzündung, knöcherne Veränderungen, Arthrose

Chronische Gelenkentzündung mit Lahmheit, Bewegungseinschränkung oder Steifheit, kalte Schwellung möglich, schlechter in Ruhe und während der ersten Schritte (Anfangsschmerz), besser nach einigen Schritten und durch langsames, mäßiges Bewegen, durch Wärme, Überanstrengung, Nässe und Kälte werden nicht vertragen	**Rhus toxicodendron C 30,** 1 x tägl. über 3 Tage, dann Wasserglasmethode, bis Besserung eintritt
Chronische Gelenkentzündung mit Stolpern, schwunglosen, steifen Bewegungen, knöchernen Veränderungen, schlechter durch trockene Kälte, besser durch Regen, häufig ältere, empfindsame, zugewandte Tiere, die fürsorgliche Behandlung genießen	**Causticum C 30,** 1 x tägl. über 3 Tage, dann Wasserglasmethode, bis Besserung eintritt
Chronische, hartnäckige Gelenkentzündung mit Schwellung und Wärme, starke Schmerzen, Schwäche, starke Berührungsempfindlichkeit und Bewegungsunlust, nasskaltes Wetter und Bewegung verschlimmern die Beschwerden	**Colchicum C 12,** 2 x tägl. über 3 Tage, dann Wasserglasmethode, bis Besserung eintritt
Rechtsmittel, alle Beschwerden sind rechts stärker, oft ist die rechte Vorhand betroffen, Tiere sind häufig gereizt, starke Schmerzen, besser durch Wärme	**Chelidonium C 30,** 1 x tägl. über 3 Tage, dann Wasserglasmethode, bis Besserung eintritt
Chronische Gelenkentzündung, v. a. Stuten, wandernde Schmerzen und wechselnde oder unklare Lahmheiten, steife Bewegungen, Energiemangel, meist besser durch Bewegung, Massage, schlechter durch Ruhe	**Hedera helix C 12,** 2 x tägl. über 3 Tage, dann Wasserglasmethode, bis Besserung eintritt

Chronische Gelenkentzündung des älteren Sport-, Schul- oder Wanderreitpferdes, Schwäche, Lahmheit, fortgeschrittener Befund	**Aurum C 12,** 2 x tägl. über 3 Tage, dann Wasserglas-methode, bis Besserung eintritt
Zur Unterstützung der Leberfunktion zusätzlich	**Carduus marianus Urtinktur,** 2 x tägl. 5 Tropfen
„Arnica der Knochen", wirkt auf den Stoff-wechsel von Gelenken, Sehnen, Knochen und Knochenhaut, zur Schmerzlinderung und Unterstützung der Heilung zusätzlich zu passendem Mittel geben	**Symphytum Urtinktur,** 2 x tägl. 5 Tropfen

Schale und andere Knochenzubildungen

Akute oder chronische Stützbeinlahmheit oder vorsichtiger Gang auf hartem Boden, bessert sich in der Bewegung, familiär bedingt, nach Überanstrengung, durch Fehlstellung, falsche Hufbearbeitung, schlechte Aufzucht	**Calcium fluoratum C 12,** 2 x tägl., bis Besserung eintritt
Akute oder chronische Stützbeinlahmheit oder vorsichtiger Gang auf hartem Boden, verkürzter Schritt, Besserung in der Bewegung, auch gleichzeitig mit Calcium fluoratum	**Silicea C 12,** 2 x tägl., bis Besserung eintritt
Schale des älteren Sport-, Schul- oder Wanderreitpferdes, Schwäche, starke Lahmheit, fortgeschrittener Befund	**Aurum C 12,** 2 x tägl., bis Besserung eintritt
Das „Arnica der Knochen", wirkt allgemein auf den Stoffwechsel von Gelenken, Sehnen, Knochen und Knochenhaut, zur Unterstützung der Heilung, zur Schmerzlinderung zusätzlich geben	**Symphytum Urtinktur,** 2 x tägl. 5 Tropfen

Knochenmittel, bei knöchernen Veränderungen, Zubildungen von Knochengewebe, Wärme, Schwellung, Lahmheit zusätzlich geben	**Hecla lava C 12,** 1 x tägl. über 10 Tage

Spat (siehe auch Arthrosen)

Nach Sturz, Schlag, einseitiger Belastung oder Überanstrengung, durch Stellungsfehler oder schlechte Aufzucht, schlechter durch Beginn der Bewegung, zu frühes oder zu starkes Training, Nässe, Kälte, besser durch langsame Bewegung, Wärme	**Rhus toxicodendron C 30,** 1 x tägl. über 3 Tage, dann Wasserglasmethode, bis Besserung eintritt
Spat mit Schwäche und Lahmheit, Pferd kann hinten wegknicken, schwache Muskulatur, Zittern oder Krämpfe, kalte Beine, Gelenkverdickungen, schlechter durch Stress, besser durch Wärme, auch gleichzeitig mit Calcium fluoratum	**Silicea C 30,** 1 x tägl. über 3 Tage, dann Wasserglasmethode, bis Besserung eintritt
Spat mit Lahmheit oder vorsichtigem Gang auf hartem Boden, besser in der Bewegung, familiär bedingt, nach Überanstrengung, durch Fehlstellung, falsche Hufbearbeitung, schlechte Aufzucht	**Calcium fluoratum C 30,** 1 x tägl. über 3 Tage, dann Wasserglasmethode, bis Besserung eintritt
Spat des älteren Sport-, Schul- oder Wanderreitpferdes, Schwäche, starke Lahmheit, fortgeschrittener Befund	**Aurum C 12,** 2 x tägl. über 3 Tage, dann Wasserglasmethode, bis Besserung eintritt
Knochenmittel, bei knöchernen Veränderungen, Zubildungen von Knochengewebe, Wärme, Schwellung, Lahmheit zusätzlich geben	**Hecla lava C 12,** 1 x tägl. über 10 Tage

Das „Arnica der Knochen“, wirkt allgemein auf den Stoffwechsel von Gelenken, Sehnen, Knochen und Knochenhaut, zur Unterstützung der Heilung, zur Schmerzlinderung zusätzlich geben	**Symphytum Urtinktur,** 2 x tägl. 5 Tropfen

Kniegelenkprobleme

Kniegelenkprobleme junger Pferde mit schwachen Bändern, weichen Bändern und Spätreife	**Calcium carbonicum C 30,** 1 x tägl. Wasserglasmethode
Bei Bindegewebsschwäche, Sehnen- oder Bänderproblemen, Durchtrittigkeit, auch bei jungen, schlaksigen, temperamentvollen Pferdetypen, nach Wachstumsperiode, bei großen Pferden	**Calcium fluoratum C 12,** 2 x tägl., bis Besserung eintritt
Bei allgemeiner Bänderschwäche, stärkt die Sehnen, wirkt heilend auf das Stützgewebe	**Silicea C 12,** 1 x tägl., bis Besserung eintritt

PRAXISTIPP Äußerlich Zeel-Creme auftragen.

Kissing Spines und andere Rückenprobleme

Bei Kissing Spines, häufigen Problemen des Kreuzdarmbeingelenks, langwierigen Zerrungen mit Muskelschwund, Probleme v. a. im hinteren Rücken, besser durch Bewegung	**Bellis perennis C 30,** Wasserglasmethode
Schwacher, wenig bemuskelter Rücken, Tendenz zu Senkrücken, Kissing Spines, „runder“ Typ, wenig belastbar, schnell erschöpft, schlechter durch Bewegung, Kälte und Nässe	**Calcium carbonicum C 30,** Wasserglasmethode

Rückenschmerzen mit Muskelverspannungen, Lahmheit, Schiefe und Muskelschwund, Gelenkprobleme, Fehlstellungen, Kissing Spines, besser durch Ruhe	**Harpaphygotum C 12,** 2 x tägl., bis Besserung eintritt
Rückenschmerzen nach Sturz, Schlag oder Überanstrengung, schlechter durch Beginn der Bewegung, Nässe, Kälte, Überanstrengung, besser durch langsame Bewegung, Wärme	**Rhus toxicodendron C 30,** Wasserglasmethode
Rückenschmerzen oder Wirbelsäulenerkrankungen mit Schwäche, Pferd kann vorn oder hinten wegknicken, schwache Muskulatur, Zittern oder Krämpfe, Gelenkverdickungen, schlechter durch Stress, besser durch Wärme	**Silicea C 30,** Wasserglasmethode
Senkrücken älterer Reit- und Fahrpferde, Mutterstuten oder Deckhengste, steife, verkürzte Bewegungen, stille Rosse, Rücken- und Gelenkbeschwerden, Wechsel zwischen Schwäche und Gereiztheit, kalte Beine, schwitzt schnell	**Sepia C 30,** Wasserglasmethode
Zur Schmerzlinderung, Rückenschmerzen, schlechter durch Nässe und Kälte und durch Berührung	**Hypericum C 12,** 2 x tägl., bis Besserung eintritt
Das „Arnica der Knochen", wirkt allgemein auf den Stoffwechsel von Gelenken, Sehnen, Knochen und Knochenhaut, zur Unterstützung der Heilung, zur Schmerzlinderung zusätzlich geben	**Symphytum Urtinktur,** 2 x tägl. 5 Tropfen

Probleme im hinteren Rücken, Kreuzdarmbeingelenk

Bei häufigen Problemen des Kreuzdarmbeingelenks, auch nach schwerer Geburt, Verletzung oder Unfall, besser durch Bewegung	**Bellis perennis C 30,** 1 x tägl. über 3 Tage, dann Wasserglasmethode

Nach Durchnässung, nasskaltem Wetter, Frostnächten, Wetterwechsel, Sturz, Überanstrengung, schlechter durch Beginn der Bewegung, zu frühes oder zu starkes Training, Nässe, Kälte, besser durch langsame Bewegung, Wärme	**Rhus toxicodendron C 30,** 1 x tägl. über 3 Tage, dann Wasserglasmethode
Außer auf das Hufhorn wirkt dieses Mittel, das aus der Kastanie von Pferden hergestellt wird, auch heilend auf das Kreuzdarmbeingelenk und den hinteren Rücken, auch nach lange zurückliegenden Stürzen	**Castor equi C 30,** 1 x tägl. über 3 Tage, dann Wasserglasmethode
Wirkt auf den hinteren Rücken des Pferdes, Rücken und Wirbelsäule fühlen sich kalt an, steife, schwunglose Bewegungen, steifer Rücken, oft rechts schlechter, häufig bei älteren Pferden	**Panax ginseng C 30,** 1 x tägl. über 3 Tage, dann Wasserglasmethode
Unkoordinierter, unregelmäßiger Gang, wenig bemuskelt, mager, Hinterhandschwäche, auch mit Zittern der Beine, unsicher beim Bergabgehen, alle Beschwerden sind links stärker	**Argentum metallicum C 12,** 2 x tägl. über 3 Tage, dann Wasserglasmethode
Zur Schmerzlinderung der Rückenschmerzen, schlechter durch Nässe und Kälte und durch Berührung	**Hypericum C 12,** Wasserglasmethode
Das „Arnica der Knochen", wirkt allgemein auf den Stoffwechsel von Gelenken, Sehnen, Knochen und Knochenhaut, zur Unterstützung der Heilung, zur Schmerzlinderung zusätzlich geben	**Symphytum Urtinktur,** 2 x tägl. 5 Tropfen

PRAXISTIPP Fühlt sich der hintere Rücken zusätzlich kühl an, können erwärmte Körnerkissen, Wärmflaschen oder heiße Kartoffelpackungen muskelentspannend und schmerzlindernd wirken.

Gelenkerkrankungen, Chips, OCD, Knochenzysten

Vorbeugendes, durchblutungsförderndes Mittel für „Gelenke und deren Komponenten" bei familiärer Neigung zu Gelenk-, Bänder-, Knochen- oder Knorpelproblemen, beim Antrainieren, bei Jungpferden im Wachstum oder beim Anreiten, auch bei schon bestehenden Schädigungen	**Argentum metallicum C 12,** 1 x tägl. vorbeugend, 2 x tägl. zur Therapie, bis Besserung eintritt, jedoch nicht länger als 14 Tage
Vorbeugend bei familiärer Anfälligkeit für Probleme am Gelenkknorpel, beim Antrainieren, bei Jungpferden im Wachstum oder beim Anreiten, auch bei schon bestehendem Knorpelschaden	**Ruta C 12,** 1 x tägl. vorbeugend, 2 x tägl. zur Therapie über ca. 14 Tage
Bröseliges Hufhorn, Stellungsfehler, weiche Knochen, spätes Zahnen, wenig ausgeprägte Muskulatur, schlaffe Gelenke, häufige Lahmheiten durch Vertreten, hektisch	**Calcium fluoratum C 30,** 1 x tägl. über 3 Tage, dann Wasserglasmethode
Lahmheiten oder Stellungsfehler nach raschem Wachstum, häufiges Vertreten oder Umknicken, aber auch unklare Lahmheiten, Infektanfälligkeit, sowohl vorbeugend als auch therapeutisch bei Knochen- und Knorpelproblemen	**Calcium phosphoricum C 12,** 1 x tägl. vorbeugend, 2 x tägl. zur Therapie über ca. 14 Tage
Das „Arnica der Knochen", wirkt allgemein auf den Stoffwechsel von Gelenken, Sehnen, Knochen und Knochenhaut, zur Unterstützung der Heilung, zur Schmerzlinderung zusätzlich geben	**Symphytum Urtinktur,** 2 x tägl. 5 Tropfen

PRAXISTIPP Futterration für Jungpferde im Hinblick auf Mineralstoffversorgung genau berechnen lassen und für artgerechte Aufzuchtbedingungen sorgen!

HUF

Schlechte Hornqualität und Hornspalten

Weiches, langsam wachsendes Hufhorn, oft gespalten, rissig, brüchig, dünne, empfindliche Sohle, kälteempfindlich, auch bei häufigen Hufabszessen oder Hufrehe	**Silicea C 30,** 1 x tägl. über 3 Tage, dann Wasserglasmethode
Abblätterndes Hufhorn, kalte Beine, Neigung zu Krämpfen, Stolpern, Zittern, oft zusammen mit Hufrehe oder Stoffwechselstörungen wie Hufrehe oder EMS (Equines Metabolisches Syndrom)	**Secale C 30,** 1 x tägl. über 3 Tage, dann Wasserglasmethode
Trockene, brüchige Hufe mit langsamem Hornwachstum bei insgesamt trockener Haut, auch bei Stoffwechselstörungen älterer Pferde, chronischer Hufrehe, anderen schweren Erkrankungen wie Melanomen	**Alumina C 12,** 2 x tägl., Vorsicht: nicht zeitgleich aus Alugefäßen füttern oder tränken
Spröde, weiche Hufe, die beim Gehen auf Asphalt sichtlich kürzer werden, ausgebrochene Hufe, abblätternde Hornschicht, Dellen, Furchen, Spalten, auch bei chronischer Hufrehe	**Thuja C 30,** 1 x tägl. über 3 Tage, dann Wasserglasmethode
Rissige, abgesprungene Hufe mit schlechter Hornqualität	**Castor equi C 30,** 1 x tägl. über 3 Tage, dann Wasserglasmethode
Besonders schnelles Wachstum, schlechte, brüchige, spröde, rillige Hornqualität, Längsfurchen und Spalten, verformte Hufe nach Hufrehe, pilzige Eselhufe nach nassem Sommer	**Acidum fluoricum C 12,** 2 x tägl.
Langsames Hornwachstum, Spalten, Verdickungen und Rillen, nach gestörtem Hufwachstum infolge von Verletzungen oder Abszessen	**Antimonium crudum C 12,** 2 x tägl.
Zur besseren Durchblutung der Beine und Hufe, kann zusammen mit anderem passendem Mittel gegeben werden	**Ginkgo biloba D 6,** 2 x tägl.

Strahlfäule

Stinkendes, nässendes, infiziertes Gewebe, tief zerstörter Strahl mit Rissen bis zu den Trachten, Juckreiz	**Kreosotum C 30,** Wasserglasmethode
Nasser, fauliger Strahl, leicht unangenehmer Geruch	**Mercurius solubilis C 30,** Wasserglasmethode
Bei zögerlicher Besserung und tief gehender Gewebszerstörung von Strahl und Hufballen mit stinkendem Sekret regt dieses Mittel die Heilung an	**Silicea C 30,** 1 x tägl. über 3 Tage, dann Wasserglasmethode
Bei hartnäckiger Strahlfäule, regt Heilung und Neubildung von Gewebe an und wirkt ausleitend	**Galium aparine Urtinktur,** innerlich 2 x tägl. 5 Tropfen und äußerlich 3 Tropfen auf 200 ml abgekochtes Wasser
Kann zusätzlich zu anderen Mitteln gegeben werden	**Myristica sebifera C 6,** 2 x tägl.

PRAXISTIPP Strahl ausschneiden, mit Calendula oder Galium Urtinktur, 5 Tropfen auf 0,5 l abgekochtes Wasser, säubern und mit Klausanpaste bestreichen, Boxenpferde durch Babywindel vor eindringender Feuchtigkeit schützen.

Hufabszess

Plötzliche, dramatische Lahmheit, warme Hufe, Pulsation	**Anfangsmittel: Belladonna C 12,** Wasserglasmethode
Eiterherd ist bereits aufgebrochen oder eröffnet, bei Lahmheit, Druckschmerz, um die Heilung zu beschleunigen	**Hepar sulfur C 12,** 2 x tägl.

„Das Messer des Homöopathen", bei langwierigen Abszessen oder tiefen Eiterherden, beständiger Lahmheit, nach Hepar sulfur	**Myristica sebifera C 30,** Wasserglasmethode
Bei hartnäckigen oder bei häufigen Abszessen, auch im Zusammenhang mit Hufrehe, bei tiefen Eiterherden, angegriffener, empfindlicher Sohle	**Silicea C 30,** Wasserglasmethode

PRAXISTIPP Zur Reifung von Hufabszessen drei Esslöffel Leinsamenmehl überbrühen, handwarmen Brei auf Haushaltstuch streichen und mit Babywindel am Huf befestigen.

Akute Hufrehe

Plötzliche Lahmheit, starke Schmerzen, Kronsaum und Hufe warm, deutlich fühlbarer Puls, Bewegungsunlust	**Anfangsmittel: Belladonna C 12,** 3 x tägl., bis Besserung eintritt
Länger andauernde, starke Schmerzen, Pferd liegt viel, bewegt sich wenig, Bewegung bessert nicht, sondern verschlechtert, Hufe warm, Pulsation	**Bryonia C 12,** 3 x tägl., bis Besserung eintritt
Übergewicht, Überfütterung, Vergiftungen, nach Plündern der Futterkiste, Ausbruch aus Diätweide oder nach Cortisongaben, vorbeugend oder bei Lahmheit, steifen Bewegungen	**Nux vomica C 30,** Wasserglasmethode
Schmerzstillend, entgiftend, ausleitend und durchblutungsfördernd bei stoffwechselbedingter Hufrehe mit starkem Hunger und Durst	**Secale C 12,** 2 x tägl.
Zur Förderung der Durchblutung des Hufes, schmerzlindernd	**Ginkgo biloba D 6,** 2 x tägl.

PRAXISTIPP Zur Schmerzlinderung in der Akutphase 2 x tägl. 500 g Magerquark auf Küchentuch streichen und mit einer Babywindel am Huf befestigen.

Chronische Hufrehe

Chronische Hufrehe, Übergewicht, Überfütterung, Vergiftungen, nach Plündern der Futterkiste, Ausbruch aus Diätweide oder nach Cortisongaben, bei Lahmheit, steifen Bewegungen, zur Unterstützung des Stoffwechsels und zur Entgiftung	**Nux vomica C 30,** 1 x tägl. über 3 Tage, dann Wasserglasmethode
Bei schlechten Leberwerten, akuter und chronischer Hufrehe durch Überfütterung, rechte Seite schlechter, kolikanfälliges, intelligentes, fremdelndes, leicht reizbares Pferd	**Lycopodium C 30,** Wasserglasmethode
Schmerzlinderndes und entgiftendes Nierenmittel, rissige, deformierte Hufe, bei wiederholten Schüben	**Sarsaparilla C 30,** Wasserglasmethode
Brüchige, weiche Hufe mit Dellen und Querrillen, zur Anregung und Unterstützung der Leber	**Thuja C 12,** 2 x tägl.
Dünne Hufsohle, bröseliges Hufhorn, langsames Hornwachstum, bei hohler Wand	**Alumina C 12,** 2 x tägl., Vorsicht: nicht zeitgleich aus Alugefäßen füttern oder tränken
Bei rissigen Hufen, hohler Wand, schlechter Hornqualität, häufigen oder langwierigen Hufabszessen	**Silicea C 30,** Wasserglasmethode
Bei schlechten Leberwerten, bei Übergewicht, zur Unterstützung der Entgiftung	**Carduus marianus Urtinktur,** 2 x tägl. 5 Tropfen

PRAXISTIPP Blutegelbehandlungen wirken zusätzlich schmerzlindernd und entzündungshemmend.

Hufrollenentzündung

Vorbeugendes, durchblutungsförderndes Mittel für „Gelenke und deren Komponenten", bei familiärer Neigung zu Gelenk-, Bänder-, Knochen- oder Knorpelproblemen, auch bei schon bestehenden Schädigungen, häufig linksseitig	**Argentum metallicum C 12,** 1 x tägl. vorbeugend, 2 x tägl. zur Therapie
Akute oder chronische Stützbeinlahmheit oder vorsichtiger Gang auf hartem Boden, bessert sich in der Bewegung, familiär bedingt, nach Überanstrengung, durch Fehlstellung, falsche Hufbearbeitung, schlechte Aufzucht	**Calcium fluoratum C 12,** 1 x täglich über 3 Monate
Akute oder chronische Stützbeinlahmheit oder vorsichtiger Gang auf hartem Boden, verkürzter Schritt, Besserung in der Bewegung, auch gleichzeitig mit Calcium fluoratum	**Silicea C 12,** 1 x täglich über 3 Monate
Hufrollenentzündung des älteren Sport-, Schul- oder Wanderreitpferdes, Schwäche, starke Lahmheit, fortgeschrittener Befund	**Aurum C 12,** 2 x tägl., bis Besserung eintritt
Schmerzstillend und durchblutungsfördernd, zusätzlich zu passendem Mittel geben	**Secale C 12,** 2 x tägl. über 10 Tage
Knochenmittel, bei knöchernen Veränderungen des Hufbeins oder des Hufknorpels zusätzlich zu passendem Mittel geben	**Hecla lava C 12,** 1 x tägl. über 10 Tage
Das „Arnica der Knochen", wirkt allgemein auf den Stoffwechsel von Gelenken, Sehnen, Knochen und Knochenhaut, zur Unterstützung der Heilung, zur Schmerzlinderung zusätzlich geben	**Symphytum Urtinktur,** 2 x tägl. 5 Tropfen

Vernageln/Eindringen von Splittern, Scherben

Nach gründlichem Entfernen des Fremdkörpers, Spülen des Wundkanals und Hufverband sofort verabreichen!	**Arnica C 30,** 3 x tägl., dann Wasserglasmethode über 3 Tage

Nach Nageltritt oder Eindringen anderer Fremdkörper oder Vernageln mit Verletzung der Huflederhaut. Blutung, Lahmheit, Wärme des Hufes, kann nach Arnica gegeben werden	**Ledum C 30,** Wasserglasmethode
Bei Lahmheit und deutlichen Schmerzen zusätzlich zu Arnica oder Ledum geben	**Hypericum C 30,** 3 x tägl., dann Wasserglasmethode
Bei tiefem Eindringen des Fremdkörpers oder Nagels, bei andauernder Lahmheit, zögerlicher Wundheilung, zusammen mit oder nach Arnica	**Symphytum C 30,** Wasserglasmethode

IMMUNSYSTEM · ALLGEMEINE ERKRANKUNGEN · ERSTE HILFE · VERHALTENSAUFFÄLLIGKEITEN

STÄRKUNG DES IMMUNSYSTEMS

Im Fellwechsel

Bewährtes Komplexmittel, für geschwächte oder infektanfällige Tiere über ca. 3 Wochen während des Fellwechsels oder zu Zeiten besonderer Belastung	**Engystol,** 2 x 2 Tabletten
Langwieriger, schwieriger, erschöpfender oder etappenweiser Haarwechsel	**Sulfur C 30,** 1 x tägl. über 5 Tage
Infektanfälliges Jungpferd mit Neigung zu Verschleimungen oder Hautausschlägen, auch angegriffene erwachsene oder ältere Pferde, Fellwechsel zieht sich über langen Zeitraum hin	**Barium carbonicum C 30,** Wasserglasmethode

Häufig wiederkehrende Infekte

Häufige Atemwegsinfekte, auch Haut- oder Hufprobleme, Konzentrationsschwäche, sich spät entwickelndes Jungpferd	**Calcium phosphoricum C 30,** 1 x tägl., Wasserglasmethode
Infektanfälliges Jungpferd mit Neigung zu Verschleimungen oder Hautausschlägen, auch erwachsene oder ältere Pferde, auch nach häufigem Stall- oder Besitzerwechsel	**Barium carbonicum C 30,** 1 x tägl., Wasserglasmethode
Abwehrschwäche, häufige chronische Entzündungen oder Infekte, durch Impfungen ausgelöst oder schlechter durch Impfungen	**Thuja C 30,** 1 x tägl., Wasserglasmethode
Vor, während oder nach besonderen Belastungen, bei Pferden mit stressbedingten Verdauungsstörungen, bei Schwäche, Unruhe, Infektanfälligkeit	**Angelica archangelica Urtinktur,** 2 x 5 Tropfen
Zur unspezifischen Aktivierung der körpereigenen Abwehrkraft, auch in Stresszeiten	**Propolis D 12,** 2 x tägl.
Zur Aktivierung der Abwehrkräfte, auch bei beginnendem Infekt, auch bei Infekt nach Schwächung durch längere Krankheit oder nach OP zur Unterstützung der Wundheilung, nicht bei hohem Fieber	**Echinacea purpurea Urtinktur,** bis 4 x tägl. 5 Tropfen, 5 Tage lang
Bewährtes Komplexmittel für geschwächte oder infektanfällige Tiere über ca. 3 Wochen während des Fellwechsels oder zu Zeiten besonderer Belastung	**Engystol,** 2 x 2 Tabletten

Rekonvaleszenz

Geschwächtes, mattes, steifes Pferd nach langwieriger Erkrankung, appetitlos, stumpfes Fell	**Thuja C 12,** 2 x tägl.

Schlechtes Allgemeinbefinden und zögerliche Erholung nach Infekt, Durchfall oder anderer Erkrankung	**Abrotanum C 12,** 2 x tägl.
Appetitlosigkeit, Unruhe, rasche Erschöpfbarkeit, Schlaflosigkeit oder ewig müde, erholt sich nicht nach Infekt, auch nach Decksaison, Turniersaison, anderer Anstrengung	**Avena sativa Urtinktur,** 2 x tägl. 5 Tropfen
Verdauungsstörungen, mangelnde Leistungsbereitschaft und Schwäche nach schwerer Krankheit, Kolik-OP, Vergiftung o. Ä., Appetitlosigkeit, Blähungen, Durchfall, Pferd fühlt sich kalt an	**Carbo vegetabilis C 30,** 1 x tägl. 5 Globuli
Zögerliche Erholung nach Operationen, nach Koliken, zur Verdauungsanregung, auch bei Appetitlosigkeit	**Gentiana Urtinktur,** 2 x tägl. 3 Tropfen

ALLGEMEINE ERKRANKUNGEN

Borreliose

Allgemeine Unterstützung bei Borreliose, zur Ausleitung, Schmerzlinderung, Hemmung der Entzündung und Stärkung des Immunsystems, auch begleitend zur Behandlung mit passendem homöopathischem Mittel oder Antibiotika	**Dipsacus Urtinktur,** 2 x tägl. 3 Tropfen
Allgemeine Unterstützung bei Borreliose, zur Stärkung des Immunsystems, auch begleitend zu passendem homöopathischen Mittel oder zur Behandlung mit Antibiotika	**Colostrum C 30,** 1 x tägl., Wasserglasmethode
Allgemeine Unterstützung bei Borreliose, gereizte, berührungsempfindliche Tiere mit überschießenden Reaktionen, auch zurückgezogene, depressiv wirkende Tiere, auch begleitend zu passendem homöopathischen Mittel oder zur Antibiotikatherapie	**Geranium Urtinktur,** 2 x tägl. 3 Tropfen

Allgemeine Unterstützung bei Borreliose, Lebermittel. Schwäche, steife Bewegungen, Pferd tritt nicht unter, biegt sich nicht nach rechts, v. a. Hinterhand betroffen, auch begleitend zu passendem homöopathischen Mittel oder zur Antibiotikatherapie	**Carduus marianus Urtinktur,** 2 x tägl. 3 Tropfen
Starke Schmerzen, Gereiztheit, warme, geschwollene Gelenke, beeinträchtigtes Allgemeinbefinden, starke Bewegungsunlust, Durst	**Bryonia C 30,** Wasserglasmethode
Starke Schmerzen, wandernde Gelenkbeschwerden bis zur Lahmheit, häufig von den Hufen aufwärts wandernd, oft auffallend kaltes Fell	**Ledum C 30,** Wasserglasmethode
Schlechtes Allgemeinbefinden, Schwäche, Magerkeit trotz gutem Appetit, wenig Muskulatur, Beschwerden wandern, Symptome kommen und gehen, Verschlimmerung durch Nässe und feuchte Kälte	**Abrotanum C 12,** 2 x tägl.

PRAXISTIPP Spezifischere Mittel finden sich auch bei Arthrose, Hufrehe.

Cushing

Ausleitung und Entgiftung, zur Unterstützung der Leber, auch begleitend zur besseren Verträglichkeit allopathischer Therapien	**Carduus marianus Urtinktur,** 2 x tägl. 5 Tropfen
Bei Muskelschwund, Abmagerung, Senkrücken, steifen Bewegungen, Schwäche, matter Traurigkeit. Großer Durst, Verschlimmerung durch Hitze und feuchtkaltes Wetter, stoffwechselanregend	**Natrium muriaticum C 12,** Wasserglasmethode

Starker Schweiß, Pferd riecht muffig, Muskelabbau, stumpfes Fell, reizbar oder niedergeschlagen, steife, mühsame Bewegungen, besser an frischer Luft, durch Bewegung, schlechter durch Ruhe, Nässe, abends	**Sulfur C 30,** Wasserglasmethode
Appetitlosigkeit, Schwäche, Abmagerung bei rundem Bauch, Muskelschwund, vorsichtiger Gang, schwitzt reichlich, mürrische, melancholische Stimmung, linksseitiges Mittel, besser durch Wärme	**Thuja C 12,** 1 x tägl. 5 Globuli

Headshaking

Headshaking ist vor allem durch das Reiben der Nase, durch Juckreiz im Kopfbereich gekennzeichnet	**Arundo D 12,** im akuten Fall mehrmals täglich, evtl. stündlich, bei Besserung der Symptome C 30, einmalig
Allergisch bedingtes Headshaking mit Nasenausfluss, Schnauben, Kopfschütteln, Juckreiz im Kopfbereich	**Galphimia D 12,** im akuten Fall mehrmals täglich, evtl. stündlich, bei Besserung der Symptome C 30, einmalig
Allergisch bedingtes Headshaking mit heftigem Schnauben, Reiben der Nase, Nasenausfluss, Augenbeteiligung, Pferd kann sich in die Symptome reinsteigern	**Sabadilla D 12,** im akuten Fall mehrmals täglich, evtl. stündlich, bei Besserung der Symptome C 30, einmalig
Launisches, häufig schlecht gelauntes, auch aggressives Pferd, Lebermittel mit Beziehung zum Verdauungs- und Nervensystem, Symptome sind rechts stärker, bereits länger bestehendes Headshaking mit typischen, aber unspezifischen Symptomen	**Lycopodium D 12,** im akuten Fall mehrmals täglich, evtl. stündlich, bei Besserung der Symptome C 30, einmalig

Headshaking trat nach Stall- oder Besitzerwechsel, Absetzen des Fohlens, Einreiten oder anderem einschneidenden Erlebnis zum ersten Mal auf, Pferd trinkt viel, aber mäkeliger Fresser, heftiges Schnauben und Kopfschütteln oder -schlagen, Headshaking schlechter von Frühjahr bis Herbst, bei Stress, Sonne, Hitze, am Vormittag	**Natrium muriaticum D 12,** im akuten Fall mehrmals täglich, evtl. stündlich, bei Besserung der Symptome C 30, einmalig
Reizbares Pferd, das sich leicht aufregt, empfindlich gegenüber ungewohnten Geräuschen, Gerüchen, Orten und Menschen, Kopfschütteln kann auch mit Juckreiz am Kopf, Nasenausfluss, häufigem Schnauben oder Bindehautentzündung verbunden sein	**Nux vomica D 12,** im akuten Fall mehrmals täglich, evtl. stündlich, bei Besserung der Symptome C 30, einmalig
Kopfschütteln, Schnauben und Reiben der Nüstern mit wässrigem Nasenausfluss, alle Symptome sind an klaren Tagen wesentlich schlimmer	**Allium cepa D 12,** im akuten Fall mehrmals täglich, evtl. stündlich, bei Besserung der Symptome C 30, einmalig

PRAXISTIPP Zur Unterstützung des Organismus können wahlweise oder nacheinander Urtinkturen von Carduus marianus, Dipsacus, Angelica archangelica und Geranium gegeben werden.

ERSTE HILFE

Hitzschlag

Puls- und Atembeschleunigung, dem Pferd geht es sehr schnell schlecht, Durst, Schwäche, Teilnahmslosigkeit, trockenes Fell, kein Schweiß, besser durch Kühlen und nachdem das Schwitzen einsetzt	**Belladonna C 30,** viertelstündlich, bis Besserung eintritt

Nach Transport, nach Anstrengung in Hitze oder im Sommer, wenn kein Schatten aufgesucht werden konnte, plötzliche und dramatische Verschlechterung des Allgemeinbefindens, Teilnahmslosigkeit, Muskelstarre, Bewegungsunfähigkeit, beschleunigter Puls und Atmung, evtl. Fieber, schwere Symptome	**Glonoinum C 30,** viertelstündlich, bis Besserung eintritt
Schwäche und geringe Belastbarkeit bei Sommerhitze, auch bei Nachwirkungen durch Sonnenstich wie fortdauernder Verwirrung, Schwäche, Erschöpfung bei normalen Puls- und Atemwerten, auch nach Belladonna oder Glonoinum	**Natrium carbonicum C 30,** viertelstündlich, bis Besserung eintritt

PRAXISTIPP Bei Verdacht auf Hitzschlag sofort Schatten aufsuchen, Pferd wenn möglich langsam führen, Stress fürs Pferd jedoch unbedingt vermeiden, kühles Wasser ins Fell einbürsten, Coolpack unters Halfter ins Genick legen, in kurzen Abständen schüsselweise handwarmes Wasser anbieten, sofort den Tierarzt rufen!

Kreislaufkollaps

Kollaps nach Blutverlust durch Verletzungen, Unfall oder nach seelischem Schock, Teilnahmslosigkeit, als wichtigstes Mittel bei Verletzungen mit körperlichen und seelischen Folgen verabreichen	**Arnica C 30,** zunächst viertelstündlich, bis Besserung eintritt, dann Wasserglasmethode
Nach Aufregung, Infekten, Operationen, Wetterwechsel, Hitze, Durchfall, Kolik, Vergiftungen, kaltes Fell, kalter Schweiß, Durst, homöopathische „Notfalltropfen" bei Kreislaufschwäche oder Kreislaufkollaps	**Veratrum album C 30,** viertelstündlich, bis Besserung eintritt

Schwäche oder Kollaps nach längerer Durchfallerkrankung oder lang andauernder, schwächender Erkrankung, nach Vergiftung oder Operation, nach Schock, Schreck, Pferd fühlt sich kalt an, kalter Atem, schwacher Puls, bläulich weiße Schleimhäute	**Carbo vegetabilis C 30,** Wasserglasmethode

Vergiftung

Bei Vergiftungen oder Verdacht auf Vergiftung, z. B. durch Eicheln, Farne, Jakobskreuzkraut, oder durch Überfressen ausleitend und verdauungsanregend, Entgiftungsmittel, Lebermittel	**Nux vomica C 30,** bei akuter, dramatischer Vergiftung viertelstündlich, dann stündlich, bis Besserung eintritt, dann Wasserglasmethode
Große Schwäche mit kaltem Schweiß, Durchfällen, Krämpfen, bläuliche Schleimhäute, Durst, Hunger, Besserung durch Wärme, warmes Wasser und langsame Bewegung, schlechter durch Anstrengung und kaltes Wasser, alle Symptome sind dramatisch	**Veratrum album C 30,** im Akutfall viertelstündlich bis Besserung eintritt
Vergiftungen aller Art, auch durch Botulismuserreger oder verdorbenes Futter, mit Durchfällen, großer Schwäche und Ruhelosigkeit, rasche Verschlechterung des Zustands	**Arsenicum album C 30,** im Akutfall viertelstündlich, bis Besserung eintritt, dann stündlich, bis Besserung eintritt, dann Wasserglasmethode
Ausleitung und Entgiftung, zur Unterstützung der Leber, auch begleitend zur besseren Verträglichkeit allopathischer Therapien	**Carduus marianus Urtinktur,** 2 x tägl. 5 Tropfen, bei akuter Vergiftung viertelstündlich, bis Besserung eintritt

Bei Vergiftungen aller Art, bei Verdauungsstörungen durch ungewohntes oder verdorbenes Futter, auch in der Rekonvaleszenz nach Vergiftung	**Okoubaka C 30,** im Akutfall viertelstündlich, bis Besserung eintritt, sonst 1 x täglich

Verletzung nach Schlag, Sturz, Unfall

Direkt nach dem Geschehen als wichtigstes Mittel bei Verletzungen mit körperlichen und seelischen Folgen verabreichen	**Hauptmittel: Arnica C 200,** zunächst viertelstündlich, bis Besserung eintritt, dann Wasserglasmethode
Starke Schmerzen, Schwellung, Prellung, Quetschung, auch Muskelfaserriss mit meist tastbarer Delle, tiefe Verletzungen im Bauchraum und Becken und im hinteren Teil der Wirbelsäule	**Bellis perennis C 30,** im Akutfall viertelstündlich, bis Besserung eintritt, dann Wasserglasmethode
Schmerzen und Berührungsempfindlichkeit nach Prellung oder Zerrung, eventuell Lahmheit, besser durch leichte Bewegung, Wärme, schlechter durch Druck, Kälte, Nässe, auch parallel zu Arnica	**Ruta C 30,** im Akutfall viertelstündlich, bis Besserung eintritt, dann Wasserglasmethode
Starke Lahm- oder Steifheit, besser durch leichte Bewegung und Wärme, Pferd hat den Drang, sich zu bewegen, schlechter durch Nässe, Kälte, Ruhe, Überlastung	**Rhus toxicodendron C 30,** im Akutfall viertelstündlich, bis Besserung eintritt, dann Wasserglasmethode
Starke Schmerzen, Kopfverletzung oder Verletzung von besonders schmerzempfindlichen Regionen (Maul, Ohren, Rücken, Genick, Genitalbereich etc.), bei Schwäche und Zittern oder Haarausfall nach Verletzung	**Hypericum C 30,** im Akutfall viertelstündlich, bis Besserung eintritt, dann Wasserglasmethode

Um die Heilung zu unterstützen, bei abgeklungener Schwellung, Pferd darf bereits wieder vorsichtig belastet werden, oder bei länger zurückliegender Verletzung mit bleibenden Folgeschäden, anhaltendem Lahmen oder Bewegungseinschränkung	**Silicea C 30,** 1 x tägl.
Nach der akuten Phase, bei zögerlicher Heilung, auch nach schweren, erheblichen Verletzungen, um die Heilung zu unterstützen	**Symphytum C 30,** 1 x tägl.

Wunden (je nach Schwere der Verletzung: Tierarzt)

Das Wundheilmittel Nummer eins, nach traumatischen Verletzungen, Überanstrengung, Verbrennungen, Bissen, Schnitten, Zerrungen, Verstauchungen, Blutergüssen, Blutungen und Wunden, auch bei Schock	**Hauptmittel: Arnica C 200,** im Akutfall viertelstündlich, bis Besserung eintritt, dann Wasserglasmethode
Gutes Folgemittel nach Arnica, beschleunigt die Wundheilung und Neubildung von gesundem Gewebe, auch bei beginnender Eiterung, wenn Wunden sich nicht schließen wollen	**Calendula Urtinktur,** innerlich 2 x tägl. 5 Tropfen, äußerlich etwa 5 Tropfen in 500 ml abgekochtem Wasser auflösen und die Wunde damit besprühen
Tiefe oder stark blutende Verletzungen, lang andauernde oder wiederkehrende Blutungen, hellrotes Blut, zusätzlich zur tierärztlichen Behandlung	**Millefolium C 30,** im Akutfall viertelstündlich, bis Besserung eintritt, dann Wasserglasmethode
Wunden und Blutergüsse durch Schlag oder Stoß, auch schlecht heilende Wunden mit dunkler, wenig ergiebiger Blutung	**Hamamelis Urtinktur,** innerlich 2 x tägl. 5 Tropfen, äußerlich etwa 5 Tropfen in 500 ml abgekochtem Wasser auflösen und die Wunde damit besprühen

Stichwunden, Verletzungen besonders schmerzempfindlicher Regionen (Maul, Ohren, Rücken, Genick, Genitalbereich etc.), bei Kopfverletzungen, nach OPs, bei Schwäche und Zittern oder Haarausfall nach Verletzung	**Hypericum C 30,** im Akutfall viertelstündlich, bis Besserung eintritt, dann Wasserglasmethode
Stichwunden, Risse oder Bisse, auch entzündete Stich- oder Bisswunden, Huf- und Sohlenverletzungen	**Ledum C 30,** im Akutfall viertelstündlich, bis Besserung eintritt, dann Wasserglasmethode
Schnittverletzungen und offene Schnittwunden nach Bauchoperation, Kastration oder Weidezaunverletzung, nach Geburtsverletzungen	**Staphisagria C 30,** im Akutfall viertelstündlich, bis Besserung eintritt, dann Wasserglasmethode

Schlechte Wundheilung

Gutes Folgemittel nach Arnica, beschleunigt die Wundheilung und Neubildung von gesundem Gewebe, auch bei beginnender Eiterung, wenn Wunden sich nicht schließen wollen, auch bei wildem Fleisch	**Calendula Urtinktur,** innerlich 2 x tägl. 5 Tropfen, äußerlich etwa 5 Tropfen in 500 ml abgekochtem Wasser auflösen und die Wunde damit besprühen
Wunde schließt sich nicht oder bricht immer wieder auf, zur Förderung der Wundheilung älterer Wunden, eher im Beinbereich	**Symphytum Urtinktur,** innerlich 2 x tägl. 5 Tropfen, äußerlich etwa 5 Tropfen in 500 ml abgekochtem Wasser auflösen und die Wunde damit besprühen

Schlecht heilende Wunden nach Schlag oder Stoß, Wunden brechen immer wieder auf, eher Bauchregion	**Hamamelis Urtinktur,** innerlich 2 x tägl. 5 Tropfen, äußerlich etwa 5 Tropfen in 500 ml abgekochtem Wasser auflösen und die Wunde damit besprühen
Bei zögerlicher Wundheilung, langwierigem Heilungsprozess mit Krustenbildung, Aufbrechen der Wunde, Nässen, auch bei wildem Fleisch, auch bei geschwächten, kümmerlichen oder älteren Tieren	**Silicea C 30,** 1 x tägl., Wasserglasmethode

Eiternde Wunden

Plötzliche, dramatische Verschlechterung des Allgemeinbefindens, starke Lahmheit, warme, evtl. geschwollene Wundregion, evtl. Fieber	**Belladonna C 30,** im Akutfall viertelstündlich, bis Besserung eintritt, dann Wasserglasmethode
Schmerzhafte, berührungsempfindliche, warme, leicht geschwollene Wunde mit beginnender Eiterung, um die Heilung zu beschleunigen	**Hepar sulfur C 30,** im Akutfall viertelstündlich, bis Besserung eintritt, dann Wasserglasmethode
„Das Messer des Homöopathen", bei langwieriger Wundheilung mit Eiterung, aber weniger deutlicher Schwellung, Wärme und Schmerzempfindlichkeit auch nach Hepar sulfur	**Myristica sebifera C 30,** im Akutfall viertelstündlich, bis Besserung eintritt, dann Wasserglasmethode
Bei hartnäckigen oder bei tiefen Eiterherden, zögerlicher Wundheilung, langwierigem Heilungsprozess mit Krustenbildung, Aufbrechen der Wunde, Nässen, auch bei wildem Fleisch	**Silicea C 30,** 1 x tägl., Wasserglasmethode

Wildes Fleisch

Bewährtes Mittel bei Wundheilungsstörungen und überstehenden Wundrändern und der Bildung von wildem Fleisch, häufig an den Beinen	**Silicea C 30,** 1 x tägl., Wasserglasmethode
Überschießendes Gewebewachstum, schwammige Wundränder, auch blumenkohlröschenartige Gewächse von wildem Fleisch rund um die Wunde	**Acidum nitricum C 30,** 1 x tägl., Wasserglasmethode
Schlechte Wundheilung, fortdauernde Entzündung, Wunde reißt auf oder nässt, wildes Fleisch	**Calendula Urtinktur,** innerlich 2 x tägl. 5 Tropfen, äußerlich etwa 5 Tropfen in 500 ml abgekochtem Wasser auflösen und die Wunde damit besprühen

VERHALTENSAUFFÄLLIGKEITEN

Koppen

Reizbares, ungeduldiges, sensibles, leistungsbereites Pferd, schnell nervös bei Stress oder Schmerz, verspannt sich schnell, fremdelt, Neigung zu Verdauungsproblemen und Magengeschwüren	**Nux vomica C 30,** 1 x tägl. über 3 Tage, bei Bedarf nach 2 Wochen wiederholen
Geräuschempfindliches, wenig stresstolerantes Pferd, „von null auf hundert“, mag nicht allein sein oder festgehalten werden, lebhaft, stets fluchtbereit, überempfindlich, menschenbezogen, mit Neigung zu Verdauungsproblemen und Magengeschwüren	**Phosphorus C 30,** 1 x tägl. über 3 Tage, bei Bedarf nach 2 Wochen wiederholen
Beginn des Koppens nach Lebenseinschnitt wie Stall- oder Besitzerwechsel, Wegzug von befreundeten Artgenossen, auch nach frühem Absetzen oder anderem länger zurückliegendem Trauma	**Ignatia C 30,** 1 x tägl. über 3 Tage, bei Bedarf nach 2 Wochen wiederholen

Bewährtes Mittel bei Störungen des Verdauungssystems, kann zusätzlich gegeben werden	**Asa foetida C 6,** 2 x tägl.

PRAXISTIPP Ein Zusammenhang zwischen Unterversorgung mit Raufutter (zu wenig Heu), Magengeschwüren und Koppen wurde bereits nachgewiesen. Füttern Sie vorbeugend und begleitend zur Therapie reichlich gutes Heu!

Weben

Bewegungsdrang, häufig unruhiges, unkonzentriertes Verhalten, auch beim Jungpferd	**Agaricus C 30,** 1 x tägl. über 3 Tage
Unruhiges Verhalten, innerlich angespannt, nervös, überfordert oder überanstrengt, Beine sind immer in Bewegung, auch nach Impfungen	**Zincum metallicum C 30,** 1 x tägl. über 3 Tage

PRAXISTIPP Koppen und Weben sind selbstberuhigende Verhaltensstereotypien, bei denen der Organismus des Pferdes Antistresshormone freisetzt. Bieten Sie stressempfindlichen Pferden Möglichkeiten zum Stressabbau in einem pferdefreundlichen, glücklichen Alltag!

Scheuen, Angst, Panik

Panik in akuter Situation, Pferd regt sich extrem und sehr ausdrucksstark und dramatisch auf, Überreaktion, beim Verladen, auf dem Turnier, auch nach großem Schreck oder Schock	**Aconitum C 30,** bei Bedarf einmalige Gabe, nach Schreck, Wasserglasmethode
Schnell aufgeregt, schreckhaft, abgelenkt, geräuschempfindlich, „von null auf hundert“, mag nicht allein sein und braucht Bewegungsfreiheit, lebhaftes, empfindsames, menschenbezogenes Pferd	**Phosphorus C 30,** 1 x tägl. über 3 Tage

Schreckhaftes, ungeduldiges, sensibles, leistungsbereites Pferd, schnell nervös bei Stress oder Schmerz, verspannt sich schnell, fremdelt, kann abrupt stehen bleiben, wegspringen oder -rennen	**Nux vomica C 30,** 1 x tägl. über 3 Tage
Große Empfindlichkeit gegenüber Reizen oder Geräuschen, ängstlich und schreckhaft, merkt sich Schrecksituationen gut und reagiert lange verunsichert auf ähnliche Situationen, mag nicht festgehalten werden, auch schreckhafte Jungtiere	**Calcium phosphoricum C 30,** 1 x tägl. über 3 Tage
Kann schnell hektisch werden, sehr stressempfindlich, Stressdurchfall, auch Blasenreiz und Schwitzen im Stress, Muskelverspannungen, Platzangst mit Zittern, häufig linksseitige Symptome, Unruhe, fühlt sich schnell eingeengt, schlechter durch Druck	**Argentum nitricum C 30,** 1 x tägl. über 3 Tage
Empfindsames, nervöses, lebhaftes Pferd, empfindlich bei Veränderungen im Stall, Besitzerwechsel usw., eifersüchtig, starrköpfig, kann bei Angst durchgehen, buckeln oder steigen, auch Folgen von Schreck oder Kummer, Festhalten, Druck oder Strafe verschlimmert, Ruhe oder Pause bessert	**Ignatia C 30,** 1 x tägl. über 3 Tage
Ängstliches Verhalten, mag nicht allein bleiben, empfindlich bei Gerüchen, Farben, kann aus Angst aggressiv werden, auch nach traumatischen Erlebnissen, Festhalten, Druck oder Strafe verschlimmert, Ruhe oder Pause bessert	**Stramonium C 30,** 1 x tägl. über 3 Tage

PRAXISTIPP Klassische Homöopathen sind darin ausgebildet, ein ganzheitlich passendes Mittel für Ihr Pferd zu finden. Sollten Sie mit der Selbstbehandlung nicht weiterkommen, suchen Sie Rat bei einem ausgebildeten Homöopathen.

Sattelzwang

Eher mürrisches Pferd, schnell gereizt, eigenwillig, schnappt oder schlägt beim Gurten, mit Neigung zu Gurtdruck oder Hautreizungen in der Sattel- und Gurtlage, häufig rechts schlimmer	**Lycopodium C 30,** 1 x tägl. über 3 Tage
Eher schwieriges Einpersonenpferd, kann keinerlei Zwang vertragen, schnell aggressiv, Stuten können sehr berührungsempfindlich und gereizt sein, Beißen und Treten beim Satteln und Gurten, häufig links schlimmer	**Lachesis C 30,** 1 x tägl. über 2 Tage
Verspannung beim Anblick des Sattels, angespannte Rückenmuskulatur, Zucken, Nervosität, Reitgefühl wie auf einem Pulverfass, Verhalten tritt oft zyklisch auf, Stutenmittel	**Cimicifuga C 30,** 1 x tägl. über 3 Tage
Sattelzwang nach unsachgemäßem Einreiten oder Satteln, eher nervöses Hin-und-her-Trippeln, Gähnen oder ängstliches Verspannen beim Satteln, Neigung zu Hautreizungen in der Sattel- und Gurtlage	**Ignatia C 30,** 1 x tägl. über 3 Tage

PRAXISTIPP Gurt- oder Sattelzwang kann außer vergangenen schlechten Erfahrungen auch aktuelle Gründe haben, z. B. die Passform des Sattels, Lungen- oder Rückenprobleme, Zysten etc. Lassen Sie sich sehr viel Zeit beim Satteln und machen Sie Bodenarbeit vor dem Aufsitzen von einer Aufstiegshilfe aus.

Aggressives Verhalten

Reizbares, ungeduldiges, sensibles, leistungsbereites Pferd, schnell nervös, bei Stress oder Schmerz schnell aggressiv gegenüber anderen Pferden oder dem Menschen, schwierig bei Schmied oder Tierarzt, fremdelt	**Nux vomica C 30,** 1 x tägl. über 3 Tage

Kann nach anderen Pferden oder dem Menschen schlagen, schnappen, mag nicht allein bleiben, Ängstlichkeit, auch nach traumatischen Erlebnissen, Festhalten, Druck oder Strafe verschlimmert, Ruhe oder Pause bessert	**Stramonium C 30,** 1 x bei Bedarf oder 1 x tägl. über 2 Tage
Eher schwieriges Einpersonenpferd, kann keinerlei Zwang vertragen, schnell aggressiv, eifersüchtig, unruhig, misstrauisch, Stuten können sehr berührungsempfindlich und gereizt sein, Neigung zu Sattel- oder Gurtzwang, häufig links schlimmer	**Lachesis C 30,** 1 x tägl. über 2 Tage
Unkontrolliertes Verhalten, kann vor Panik oder Wut richtig ausrasten, keinerlei Selbstkontrolle, Aggression gegen andere Pferde und Menschen, Ursache ist häufig Eifersucht	**Hyoscamus niger C 30,** 1 x tägl. über 2 Tage

PRAXISTIPP Aggressives Verhalten ist für Pferde untypisch. Es ist meist stress- oder schmerzbedingt und erfordert Verständnis und genaue Ursachenforschung!

Kummer, Heimweh, zieht sich zurück

Wechselhafte Stimmungen, seelisches Ungleichgewicht, nervös, angriffslustig, traurig, Appetitlosigkeit oder Verdauungsstörungen wie Durchfall, Kolik auf Reisen, Heimweh, Eifersucht, auch nach Schock oder Kummer	**Ignatia C 200,** einmalig, oder **C 30,** 1 x tägl. über 3 Tage
Trauriges, niedergeschlagenes, zurückgezogenes Verhalten nach einem Verlust, auch nach Schreck oder lang zurückliegendem Schock, Pferde aus vernachlässigter Haltung, mitunter auch Gereiztheit, mag nicht festgehalten oder angebunden werden, angeschlagenes Allgemeinbefinden mit stumpfem Fell, Abmagerung, Infektanfälligkeit	**Natrium chloratum C 200,** einmalig, oder **C 30,** 1 x tägl. über 3 Tage

Zurückgezogene ältere Pferde, nach Stresssituationen oder außerordentlichen Belastungen, angestrengte, gereizte oder geschwächte Pferde nach häufigem Besitzer- oder Stallwechsel, bei Verdauungsstörungen, Schwäche oder Panik-	**Angelica archangelica Urtinktur,** 2 x tägl. 5 Tropfen
Kummer oder Apathie, auch gelegentliche „Entrücktheit" und seelische Unerreichbarkeit, nach länger zurückliegendem oder akutem Schock, auch bei chronischer Krankheit, chronischem Schmerz und damit verbundener Niedergeschlagenheit	**Geranium robertianum Urtinktur,** 2 x tägl. 5 Tropfen

PRAXISTIPP Bach-Blüten wirken ebenfalls ganzheitlich und können bei seelischen Problemen bedenkenlos unterstützend parallel zur Homöopathie eingesetzt werden.

HOMÖOPATHISCHE MITTEL VON A–Z

A

Abrotanum **Eberraute**	Abmagerung trotz gutem Fressen, Blähungen, Durchfall, hartnäckiger Wurmbefall trotz Entwurmung, Schwäche, Rekonvaleszenz, Vernachlässigung
Acidum fluoricum, auch *Fluoricum acidum* **Flusssäure**	Mangelhafte Hufqualität, brüchige Hufe, Bindegewebsschwäche, grieselige Kastrationsnarbe, Leistungsschwäche
Acidum phosphoricum **Phosphorsäure**	Erschöpfung, Schwäche nach Durchfall, Schwäche des Bewegungsapparats mit Stolpern, Wegsacken, Rekonvaleszenz, Jungpferde vor dem Anreiten, Überanstrengung, Überforderung
Acidum sarcolacticum, auch *Sarcolacticum acidum* **Milchsäure**	Muskelbeschwerden, Muskelkater, Muskelkrämpfe, zur Vorbeugung gegen Kreuzverschlag

Aconitum **Eisenhut**	Typisches Anfangsmittel, akutes Fieber mit Infekt oder Entzündung, plötzlich auftretende Symptome, große Unruhe und Ängstlichkeit, Angst vor dem Verladen, dem Tierarzt, Folgen von Angst, Stress, Schock
Agnus castus **Mönchspfeffer**	Wirkt auf die Geschlechtsorgane von Hengst und Stute, bei Impotenz von Hengsten, stiller oder schwacher Rosse, Unfruchtbarkeit
Allium cepa **Küchenzwiebel**	Schleimhautmittel, bewährtes Schnupfen- und Heuschnupfenmittel, Anwendung bei tränenden Augen, Nasenausfluss, Husten mit Kehlkopfbeteiligung, Headshaking
Alumina **Aluminiumoxid**	Verstopfung, trockene, schuppige Haut, schuppiger Mähnenkamm, trockenes Ekzem
Ammonium carbonicum **Ammoniumcarbonat**	Chronischer Husten, Dämpfigkeit, rasselnde Atmung, Rekonvaleszenz nach schwerem Atemwegsinfekt
Anacardium **Ostindischer Tintenbaum**	Schwäche der Fesselgelenke, Sehnenverletzungen mit starker Lahmheit und Schwäche
Angelica archangelica **Engelwurz**	Urtinktur als Tonikum bei Schwächezuständen körperlicher und seelischer Art
Apis **Honigbiene**	Allergien, Entzündungen mit Schwellung und Wärme, Bindehautentzündung, Genickbeule, Nesselsucht, Euterentzündung, Schwellung nach Kastration, Gallen, Arthritis, Druse, Insektenstiche, Zeckenbisse, Eierstockzysten
Aralia racemosa **Amerikanische Narde**	Allergien der Atemwege, trockener Husten, Heustauballergie, Dämpfigkeit
Argentum metallicum **Silber**	Hauptwirkung auf Gelenke, Knochen, Knorpel, Bänder, auch bei Kehlkopfleiden, Abmagerung, Hinterhandschwäche

Argentum nitricum **Silbernitrat**	Hauptwirkung auf das Nervensystem, Unruhe, Nervosität, Reizblase oder Stressdurchfall, Magengeschwür
Aristolochia **Osterluzei**	Gebärmutterentzündung, Verletzungen der Geburtswege
Arnica montana **Bergwohlverleih**	Bewährtes Verletzungsmittel, fördert die Wundheilung, Anwendung bei körperlichen, auch seelischen Verletzungen, Schmerzen, auch Muskelkater, Folgen von Schreck oder Schock, Folgen von Sturz, Schlag, Unfall, Operation, Überanstrengung, nach Geburt, Folgen länger zurückliegender Verletzung
Arsenicum album **Weißes Arsen**	Konstitutionsmittel, „großes" Mittel mit breiter, tiefer Wirkung, intelligenter, unruhiger, sensibler, athletischer Vollbluttyp, wenig Selbstsicherheit, Schwäche, Erschöpfung, Reizbarkeit, Anwendung bei allergischen Haut- und Lungenproblemen, trockener Haut, schuppigem Mähnenkamm, Hautpilz und Ektoparasiten, Husten, Durchfall, Magengeschwüren, Koliken, Futtermittelvergiftung, Augenentzündungen, Headshaking, Ödemen, Abmagerung, Hinterhandschwäche
Arundo donax **Spanisches Rohr**	Juckreiz und Schmerzen im Kopfbereich, auch allergisch bedingter Juckreiz an Augen, Ohren, Nüstern, allergischer Schnupfen, Headshaking
Asa foetida **Stink-Asant**	Wirkung auf den Darm, Krämpfe von Schlund und Magen, Spritzenabszess, Schlundverstopfung
Aurum **Gold**	Konstitutionsmittel, „großes" Mittel mit breiter, tiefer Wirkung, selbstbewusste, temperamentvolle, kräftige, aber auch nach innen gekehrte, lustlose, traurige Pferde, schnell erschöpft, in ihrer Zu- und Abneigung sehr personenbezogen, sehr schmerz- und geräuschempfindlich, Anwendungen bei Arthritis, Arthrose, Knochenproblemen, Ödemen, Bindegewebsschwäche, Herzproblemen, Zysten, Unfruchtbarkeit

Avena sativa **Hafer**	Beruhigendes Schlaf- und Kräftigungsmittel

B

Barium carbonicum **Bariumkarbonat**	Mittel für Fohlen und ältere Pferde, Spätentwickler, Anwendung bei Altersschwäche, Muskelschwäche, langsamem Fellwechsel, langsam wachsendem Hufhorn, Infektanfälligkeit, Altershusten, Pferde liegen auffallend häufig
Belladonna **Tollkirsche**	Anfangsmittel, wichtiges Fiebermittel, wirkt auf Nervensystem und Gefäße, gutes Jungpferdemittel, bei plötzlichen, heftigen, akuten Entzündungen mit starken Schmerzen, Hitze, Unruhe, Krämpfen, bei Augenentzündungen, fiebrigen Infekten, Lungenentzündung, Sonnenstich, akuter Hufrehe, Kreuzverschlag, Arthritis, Mastitis
Bellis perennis **Gänseblümchen**	Das „Arnica der Geburtshilfe", wirkt auf Muskeln und Gelenke, besonders des Beckens, Anwendung nach schweren Geburten, bei Nerven- und anderen Geburtsverletzungen, Operationen im Bauchraum, Überanstrengung, Sturz, Schlag oder Unfall mit tief gehenden Verletzungen in Bauchraum und Hinterhand, Bluterguss, Muskelkater, Muskelschmerzen, Kreuzverschlag
Berberis vulgaris **Gewöhnliche Berberitze**	Wirkt besonders auf Harnwege und Leber, Anwendung bei Rückenschmerzen im Nierenbereich, Harnwegs- und Nierenproblemen, Blasensteinen, Kreuzverschlag, wandernden Schmerzen, Steifheit, Pferd kommt nicht hoch, wirkt entgiftend
Bryonia alba **Weiße Zaunrübe**	Schleimhautmittel, Anwendung bei schmerzender Muskulatur, Arthritis und Arthrose, steifen Bewegungen, Steifheit und starke Schmerzen in Genick, Hals, Rücken, Knie; Borreliose, periodische Augenentzündung, Genickbeule, Hufrehe, Folgen von Verletzung, Magen-Darm-Erkrankungen, fiebrige Infekte, Husten

C

Cactus **Königin der Nacht**	Herzkräftigung, Kreislaufschwäche
Calcium carbonicum **Austernschalenkalk**	Konstitutionsmittel, „großes" Mittel mit breiter, tiefer Wirkung, freundliches, „weiches" Pferd, wenig selbstbewusstes, kaltblütiges Pferd, ängstlich und eigensinnig, bewährtes Jungpferdemittel, auch bei Spätentwicklern, wirkt auf Stoffwechsel, Bindegewebe, Muskeln, Gelenke, Anwendung bei Erschöpfung, Überforderung, Schwäche, Konzentrationsschwierigkeiten, später Zahnentwicklung, Infektanfälligkeit, Haut- und Hufproblemen, Gelenkproblemen, Arthritis, Arthrose, Knochenzysten, Spat, Senkrücken, Folgen von Stall- oder Besitzerwechsel, unsachgemäßem Anreiten
Calcium fluoratum **Flussspat**	Wirkt auf Knochen und Gewebe, bei Knochenproblemen wie Überbeinen, Spat, Bänderschwäche, verhärteten Drüsen, Huf-, Hufhorn- und Knieproblemen, verzögertem Zahnen
Calcium phosphoricum **Kalziumphosphat**	Konstitutionsmittel, „großes" Mittel mit breiter, tiefer Wirkung, lebhaftes, sensibles Pferd, unruhig, schnell erschöpft, rasches Wachstum, „weiche" Knochen, Gewebemittel, Jungtiermittel, Anwendung bei Rückenschmerzen, Knochenproblemen, Gelenkproblemen, zur Heilungsunterstützung bei Knochenbrüchen, Infektanfälligkeit
Calendula **Ringelblume**	Wundheilmittel zur äußeren und inneren Anwendung
Camphora **Kampfer**	Bei Schock, Kollaps, auch nach Infekt oder Durchfall, wichtiges homöopathisches „Gegenmittel", sog. Antidot, das die Wirkung vieler homöopathischer Mittel abschwächt
Carbo vegetabilis **Holzkohle**	Kreislaufschwäche, Kollaps, Blähungskolik, Durchfall mit Schwäche, schwere Hufrehe

Cardiospermum **Salzfass-Ballonrebe**	Hautberuhigend, juckreizstillend, cortisonähnliche Wirkung, allergischer Husten, Sommerekzem
Carduus marianus **Mariendistel**	Lebermittel, zur Unterstützung der Leber, bei Sommerekzem, Vergiftungen, Hufrehe, Cushing
Caulophyllum **Frauenwurzel**	Vor und während der Geburt, Frühgeburtsneigung
Causticum Hahnemanni **Ätzkalk**	Kehlkopfentzündung, trockener, chronischer Husten, Warzen
Chamomilla **Kamille**	Empfindlich, unruhig und reizbar, Jungpferdemittel, Anwendung bei Zahnungsproblemen, Blähungen, Kolik, starken Schmerzen, Rückensteifheit und -schmerzen
Cina **Wurmsamen**	Juckreiz im Kopf- und Analbereich, Blähbauch, hartnäckiger Wurmbefall trotz Entwurmung
Coccus cacti **Kochenillelaus**	Chronische, feuchte Bronchitis
Colchicum **Herbstzeitlose**	Mittel für die kleinen Gelenke, Muskel- und Bindegewebe, Durchfall und Kolik, Gelenkschwellung mit Wärme
Colocynthis **Koloquinte, Kürbisart**	Hauptmittel bei Kolik mit Aufkrümmen des Rückens, auch bei schwerem Durchfall mit Kolik, Kreuzverschlag
Crataegus **Weißdorn**	Herzprobleme, Kräftigungsmittel fürs Herz

D

Dioscorea **Yamswurzel**	Schmerzmittel, bei heftigen Kolikschmerzen, Gebärmutterschmerzen, Rückenschmerzen, v. a. rechts
Dipsacus **Wilde Karde**	Borreliose, Gliederschmerzen

Drosera **Sonnentau**	Krampfhusten, asthmatischer, bellender Husten, auch mit Auswurf von Schleim
Dulcamara **Bittersüßer Nachtschatten**	Erkrankungen als Folge von Nässeeinwirkung, feuchtem Wetter, im Frühherbst, Nesselsucht, Regenekzem, Rückenschmerzen, Warzen, Harnwegsentzündung, Durchfall

E

Echinacea **Sonnenhut**	Anregung der Abwehrkraft
Equisetum **Schachtelhalm**	Reizblase, Harnwegserkrankungen
Eupatorium perfoliatum **Wasserdost**	Fieberhafte Infekte mit starken Gliederschmerzen, Pferdegrippe
Euphrasia **Augentrost**	Hauptmittel bei Augenentzündungen

F

Fabiana **Pichi-Pichi**	Häufige Harnwegserkrankungen mit Schmerzen im Nierenbereich und Harnrückfluss
Ferrum phosphoricum **Eisenphosphat**	Anfangsmittel bei beginnenden Infekten, Schnupfen, Husten, fiebrige Infekte, auch bei Jungtieren

G

Galphimia **Thyallis**	Bei Allergien von Haut und Schleimhaut, Headshaking
Gelsemium **Gelber Jasmin**	Fiebrige Infekte mit Husten, Schnupfen, Schwäche

Gentiana **Enzian**	Bei Appetitlosigkeit und zur Verdauungsanregung, zur Nachbehandlung von Koliken
Geranium **Storchschnabel**	Notfallmittel, bei Schock und seelischem Trauma, zur Entgiftung, auch begleitend bei Borreliose
Ginkgo **Ginkgo**	Durchblutungsförderung der Hufe, Hufrehe
Glonoinum **Nitroglycerin**	Hitzschlag, Sonnenallergie
Graphites **Reißblei**	Konstitutionsmittel, „großes" Mittel mit breiter, tiefer Wirkung, schwere, schwerfällige Pferde, Kaltbluttyp, furchtsam, reizbar, Anwendung bei schlechten Hufen, schlecht heilenden Wunden, Mauke, Sommer- oder Nässeekzem

H

Hamamelis **Zaubernuss**	Blutungen, Nasenbluten, Hautverletzungen, schlecht heilende Wunden
Hecla lava **Vulkanasche**	Wirkt auf die Knochen, Hufrollenentzündung, Spat, Schale, Überbeine
Hepar sulfur **Hahnemanns Kalk-Schwefelleber**	Bei schmerzhaften, berührungsempfindlichen Eiterungen und Geschwüren, Bindehautentzündung, Schnupfen, Hufabszess, Mauke, Spritzenabszess, Hautpilz beim Sommerekzemer, Druse
Hydrastis **Kanadische Gelbwurz**	Schleimhautmittel, Anwendung bei Entzündung der Maulschleimhaut, Magengeschwüren
Hyoscyamus niger **Schwarzes Bilsenkraut**	Konstitutionsmittel, „großes" Mittel mit breiter, tiefer Wirkung, Folgen von Eifersucht, streitsüchtiges, nervöses, misstrauisches Verhalten, aggressive, nymphomane Stuten, aggressive, hengstige Wallache, Anwendung bei trockenem Reizhusten, Headshaking

Hypericum **Johanniskraut**	Schmerzlindernd und heilungsfördernd bei Verletzungen von nervenreichem Gewebe, Hufe, Kopfbereich, Wirbelsäule, Becken, nach Kastration

I

Ignatia **Ignatiusbohne**	Hauptmittel bei Kummer, Heimweh, Überempfindlichkeit gegen äußere Einflüsse, Folgen von Schreck oder Trauma, von Besitzer- oder Stallwechsel, von Verlust, Schlundverstopfung, Infekte nach Kummer
Ipecacuanha **Brechwurzel**	Atemnot, rasselnde Atmung, Husten, Lungenentzündung, schleimiger Durchfall

K

Kreosotum **Buchenholzteer**	Strahlfäule, Hufkrebs, Hautgeschwüre

L

Lachesis **Gift der Buschmeisterschlange**	Konstitutionsmittel, „großes" Mittel mit breiter, tiefer Wirkung, vorsichtig dosieren, gut beobachten und selten geben! „Stutenmittel", eifer- und streitsüchtige, misstrauische Stuten, oft linksseitige Symptome, die nach rechts wandern können, Anwendung bei Eierstockzysten, Sattelzwang, aggressivem Verhalten, Ablehnen des Fohlens
Laurocerasus **Kirschlorbeer**	Herzprobleme, Schwächezustände und Kollaps
Ledum **Sumpfporst**	Gelenkbeschwerden, Wunden, akute und chronische Hufrehe, Spritzenabszess, Insektenstiche, Borreliose

Lobelia **Aufgeblasene Lobelie**	Trockener Krampfhusten, chronischer Husten
Luffa **Kleine Schwammgurke**	Bewährtes Schnupfenmittel
Lycopodium **Bärlapp**	Konstitutionsmittel, „großes" Mittel mit breiter, tiefer Wirkung, oft rechtsseitige Symptome, unsicheres, leicht reizbares Pferd, das sich stark an eine Person oder ein anderes Pferd bindet, zurückhaltend gegenüber Fremden, mag nicht allein bleiben, schlank mit Blähbauch, Anwendung bei Sattelzwang, Gurtzwang, chronische Verdauungsprobleme, chronische Rückenbeschwerden, Headshaking, chronische Hufrehe, chronischer Husten

M

Malandrinum **Nosode der Pferdemauke**	Mauke
Mercurius solubilis Hahnemanni **Quecksilber**	Eitrige Augenentzündung, Entzündung der Maulschleimhaut, Druse, Mauke, Strahlfäule
Mezereum **Seidelbast**	Sommerekzem, stark angegriffene Haut, starker Juckreiz
Millefolium **Schafgarbe**	Blutungen, blutende Wunden, Nasenbluten
Myristica sebifera **Talgmuskatnussbaum**	„Das Messer des Homöopathen", Anwendung bei eitrigen Hautentzündungen, Hufabszess, Spritzenabszess, Strahlfäule, eitrige Wunden

N

Natrium muriaticum, auch *Natrium chloratum* **Kochsalz**	Konstitutionsmittel, „großes" Mittel mit breiter, tiefer Wirkung, trauriges, verzagtes, schnell erschöpftes, auch reizbares Pferd, das sich stark an einen einzelnen Menschen oder Herdengenossen anschließt, innerlich zurückgezogen, seelische und körperliche Schwäche, Anwendung bei Folgen von Verlust, Kummer, Trauer, Heimweh, bei Sommerekzem, Morbus Cushing, Eierstockzysten
Nux vomica **Brechnuss**	Konstitutionsmittel, „großes" Mittel mit breiter, tiefer Wirkung, muskulöses, feuriges, sensibles Pferd, Leistungstyp, „von null auf hundert", reizbar, stressempfindlich, Mittel wirkt auf Nerven und Verdauung, auch auf Leber und Bewegungsapparat, Anwendung bei Schlundverstopfung, Durchfall, Verstopfung, Kolik, Magengeschwür, Kreuzverschlag, Hufrehe, Vergiftung, Verhaltensprobleme

O

Okoubaka **Sandelholzgewächs**	Allergisches Ekzem, Neigung zu häufigen Verdauungsproblemen, Blähungen oder Durchfall, Folgen von Vergiftung

P

Pareira brava **Behaarter Knorpelbaum**	Harnwegsinfekte, Harnsteine, Harnverhalten
Petroleum **Steinöl**	Mauke, schuppige, trockene Haut, Sommerekzem
Phosphorus **Phosphor**	Konstitutionsmittel, „großes" Mittel mit breiter, tiefer Wirkung, schicker Vollbluttyp, „typisches" Pferd mit ausgeprägtem Fluchtinstinkt, intelligent, lebhaft, schnell erregbar, geräuschempfindlich, Anwendung bei Angst, Panik, Nasenbluten, trockenem Husten

Phytolacca **Kermesbeere**	Milchmangel, Euterentzündung, Druse
Plumbum **Blei**	Verstopfungskolik
Podophyllum **Maiapfel**	Verdauungsprobleme, wässriger Durchfall, äußerlich bei Warzen
Pulsatilla	Konstitutionsmittel, „großes" Mittel mit breiter, tiefer Wirkung auf das weibliche Hormonsystem, das Nervensystem, die Verdauung und den Bewegungsapparat, „Stutenmittel", weiche, liebenswürdige Tiere mit wechselnden oder wandernden Symptomen, wenig Durst, alles besser an frischer Luft, Anwendung bei Bindehautentzündung, Schnupfen, feuchtem Husten, eitriger Gebärmutterentzündung, alles mit milden, cremigen Absonderungen, Infektanfälligkeit beim Zahnen, milder Durchfall, schwache Rosse, Unfruchtbarkeit

R

Rhus toxicodendron **Gift-Sumach**	Schmerzen und Entzündungen von Haut, Schleimhaut, Sehnen, Bändern, Muskeln, Gelenken oder Drüsen mit Unruhe und Bewegungsdrang, leichte Bewegung bessert, kalte Nässe verschlechtert, Anwendung bei Nesselsucht, Muskelkater, Sehnenproblemen, Bänderzerrung, Rückenschmerzen, Kissing Spines, Kreuzverschlag, akuten und chronischen Gelenkentzündungen, Spat, Schmerzen nach Verletzungen, Zerrungen, Unfall
Ruta **Weinraute**	Wichtiges Mittel für Knochen, Knochenhaut, Bänder, Sehnen, Zerrungen, Prellungen, Steifheit, Schmerzen

S

Sabadilla **Läusekraut**	Allergische Entzündungen von Augen und Atemwegen, Heuschnupfenmittel, Headshaking mit Juckreiz, nervöse, ängstliche Tiere
Sabina **Sadebaum**	Wirkt auf die Gebärmutter, Anwendung bei Gebärmutterentzündung, Verletzung der Geburtswege, Gebärmutterblutung, starken Nachwehen, Nachgeburtsverhalten
Sambucus nigra **Schwarzer Holunder**	Wirkt auf die Atemwege, Schnupfen, Atemwegsinfekt von Fohlen und Jungtieren
Sarsaparilla **Honduras-Sarsaparille, Liliengewächs**	Wirkt auf Haut, Nieren und Harnwege, Anwendung bei Entzündungen der Harnwege, Sommerekzem, Mauke, unterstützend bei chronischer Hufrehe
Secale **Mutterkorn**	Schlechte Durchblutung der unteren Gliedmaßen, schlechte Hufqualität, Hufrehe, Hufrollenentzündung
Sepia **Tintenfisch**	Konstitutionsmittel, „großes" Mittel mit breiter, tiefer Wirkung auf die weiblichen Geschlechtsorgane, das Nerven- und Verdauungssystem und die Haut, erschöpftes, trauriges, reizbares Pferd, mag keinen Druck, auch nach Vernachlässigung, Probleme eher linksseitig, Anwendung bei Zysten, schwacher Rosse, Gebärmutterentzündung, Unfruchtbarkeit, Senkrücken, Hautpilz
Silicea **Siliciumoxid, Kieselsäure**	Konstitutionsmittel, „großes" Mittel mit breiter, tiefer, kraftvoller Wirkung, wichtiges Haut-, Schleimhaut-, Hufmittel, zarte, schüchterne, überempfindliche Pferde mit schwachem Bindegewebe, Anwendung bei Eiterungen und Entzündungen der Haut, Druse, Genickbeule, Spritzenabszess, Schnupfen, Husten oder Hautproblemen nach Impfung, Schale, Spat, Rückenschmerzen oder Wirbelsäulenerkrankungen mit Schwäche, Gallen, Überbeinen, Hufrolle, Kniegelenkproblemen, Strahlfäule, Hufabszess, chronischer Hufrehe, in der Rekonvaleszenz nach Verletzungen, bei zögerlicher Wundheilung, wildem Fleisch, eitrigen Wunden, nach Kastration

Solidago **Echte Goldrute**	Bei Rückenschmerzen im Nierenbereich und bei Harnwegs- und Nierenerkrankungen
Spigelia **Wurmkraut**	Schmerzempfindliches Pferd, hartnäckiger Wurmbefall mit Durchfall, häufig auch mit Bindehautentzündung, Herzrhythmusstörungen
Spongia tosta **Gerösteter Meerschwamm**	Akuter trockener und chronischer Husten, auch mit Kehlkopfentzündung, trockene Schleimhäute, Schwellung nach Kastration
Stannum metallicum **Zinn**	Chronischer feuchter Husten und Dämpfigkeit, Schleimrasseln, Schwäche
Staphisagria **Stephanskraut**	Bindehautentzündung, Insektenstiche, nach Kastration, Bauch-OP oder Schnittverletzung, zur Unterstützung der Wundheilung
Stramonium **Stechapfel**	Verhaltensprobleme, kann vor Angst unkontrollierbar oder aggressiv werden, Anwendung bei Verladeproblem, „Kleben", kann nicht allein geritten werden oder allein bleiben, Folgen von seelischem Trauma
Strontium carbonicum **Strontiumcarbonat**	Chronische, immer wiederkehrende Sehnen- und Bänderprobleme
Strophantus **Angenehmer Strophantus, Hundsgiftgewächs**	Herztonikum bei Kreislaufproblemen, Herzmuskelschwäche und angelaufenen Beinen
Sulfur **Sulfur**	Konstitutionsmittel, „großes" Mittel mit breiter, tiefer Wirkung auf alle Gewebe und Organe, v. a. auf chronische Probleme von Haut, Schleimhaut, Verdauungsorganen, Entgiftungs- und Umstimmungsmittel, sensible, launische, intelligente, ängstliche Pferde, häufig mit starkem Eigengeruch, wirken oft ungepflegt, trockene, struppige, schuppige Haut, schwitzen leicht, Anwendung bei Sommerekzem, verzögertem Fellwechsel, hartnäckigem Befall mit Haarlingen, Läusen, Räudemilben, Morbus Cushing

Symphytum officinale **Beinwell**	Wirkt auf Knochen und Knochenhaut, Augenverletzung, Genickbeule nach Zurückwerfen, zur Unterstützung der Knochenheilung bei Brüchen, Anwendung bei Bänderproblemen, Rückenschmerzen, Kissing Spines, chronischer Gelenkentzündung, Spat, Hufrolle

T

Tartarus stibiatus, auch *Antimonium tartaricum* **Brechweinstein**	Hustenmittel für Jungpferde, Anwendung bei Rasselatmung, zähem Schleim, Lungenentzündung, chronischem Husten
Thuja **Lebensbaum**	Reaktionen oder Gesundheitsprobleme nach Impfung (z. B. Husten, Hautprobleme, Abwehrschwäche), Nässeekzem, Mauke, Warzen, spröde Hufe, chronische Hufrehe, Schwäche, Rekonvaleszenz, Morbus Cushing

U

Urtica urens **Kleine Brennnessel**	Nesselsucht, Milchmangel

V

Veratrum album **Weißer Germer**	Homöopathische „Notfalltropfen", bei Kreislaufschwäche, Kreislaufkollaps, Folgen schwerer Vergiftung
Viola tricolor **Stiefmütterchen**	Nässende Mauke, nässendes Ekzem

SERVICE

QUELLEN

Boericke, Handbuch der homöopathischen Materia Medica, Haug, 2004
Geißler, Quak, Leitfaden Homöopathie, Urban und Fischer, 2009
Hahnemann,Organon der Heilkunst, Haug, 1999
Kents Repertorium, Haug, 1998
Nash, Leitsymptome in der homöopathischen Therapie, Haug, 2009
Stauffer, Klinische homöopathische Arzneimittellehre, Sonntag, 1989
Ders., Symptomenverzeichnis, Sonntag, 1988
Tyler, Margret, Homöopathische Arzneimittelbilder, Urban und Fischer, 2003

ZUM WEITERLESEN

Bührer-Lucke, Gisa: **Schüßler-Salze für Pferde**, Pferdegesundheit kompakt; KOSMOS 2020
Schüßler-Salze sind sanft, verbessern aber wirkungsvoll die Gesundheit Ihres Pferdes. Dieser Kompaktratgeber zeigt, welches Mittel das richtige ist und wie es verabreicht werden muss. Schnelle Informationsentnahme durch tabellarischen Aufbau, ausführliche Übersicht aller Schüßler-Salze.

Ochsenbauer, Ute: **Heilkräuter für Pferde**; Pferdegesundheit kompakt; KOSMOS 2020
Kräuter wirken bei vielen Erkrankungen heilend oder lindernd. Sie unterstützen die Selbstheilungskräfte des Körpers und tragen zur schnelleren Genesung bei. Hier findet der Reiter konkrete Angaben, welche Heilkräuter er für das jeweilige Symptom einsetzen kann und welche Anwendungsmethode am schnellsten zum Erfolg führt.

Ochsenbauer, Ute: **Bach-Blüten für Pferde**, Pferdegesundheit kompakt; KOSMOS 2013
Bach-Blüten wirken unterstützend und stärkend auf den ganzen Organismus des Pferdes. Sie regen die Selbstheilungskräfte des Körpers an, indem sie vor allem die Psyche ins Gleichgewicht bringen. Mit tabellarischem Aufbau und Gliederung nach Symptomen.

Bildnachweis

Mit 7 Farbillustrationen von Atelier Bea Klenk/Kosmos

Impressum

Umschlaggestaltung von Atelier Bea Klenk unter Verwendung von zwei Farbillustrationen von Atelier Bea Klenk/Kosmos

Mit 7 Farbillustrationen

Alle Angaben und Methoden in diesem Buch sind sorgfältig erwogen und geprüft. Sorgfalt bei der Umsetzung ist jedoch geboten. Verlag und Autorin übernehmen keinerlei Haftung für Personen-, Sach- oder Vermögensschäden, die im Zusammenhang mit der Anwendung und Umsetzung entstehen könnten.

Unser gesamtes Programm finden Sie unter **kosmos.de.**
Über Neuigkeiten informieren Sie regelmäßig unsere Newsletter, einfach anmelden unter **kosmos.de/Newsletter**.

MIX
Papier | Fördert gute Waldnutzung
FSC® C106855
FSC www.fsc.org

Gedruckt auf chlorfrei gebleichtem Papier

ISBN 978-3-440-16366-5
Redaktion: Alexandra Haungs
Gestaltung und Satz: Atelier Krohmer, Dettingen/Erms
Produktion: Claudia Frank
Druck und Bindung: Print Consult GmbH, München
Printed in Slovakia / Imprimé en Slovaquie